日本列島100万年史

大地に刻まれた壮大な物語

山崎晴雄
久保純子 著

ブルーバックス

装幀／芦澤泰偉・児崎雅淑
カバー CG／南里翔平
目次、本文デザイン／齋藤ひさの（STUDIO BEAT）
本文図版／さくら工芸社・南里翔平
編集協力／田端萌子

はじめに

私事で恐縮ですが、私（山崎）の家の近くには滝坂という大きな坂があります。私は生まれてからずっとその坂の下にある家で育ちました。しかし、あるときまで、なぜここに坂があるのかとか、どうして坂ができたのかなんて考えたこともありませんでした。私にとっては坂にしろ崖にしろ、空気と同じような存在で、その地形の意味や形成された理由に気を留めたことなどなかったのです。

ところが、大学に入学して貝塚爽平先生の著書『東京の自然史』をベースにした自然地理学の講義を聞いたとき、目の前がぱっと開けました。この坂は、国分寺崖線という、地質時代に多摩川が作った河岸段丘の縁の崖（段丘崖）を甲州街道が乗り越すためのものだったのです。

祖父から、「この坂は滝のように急だったから滝坂という名が付いた」と聞いていました。また、近所の人の話では、荷車を引く人にとって滝坂は甲州街道の難所で、昔はその名が甲州方面でも知られていたそうです。しかし、なぜここに坂があるのか、ということはまったく考えたこともありませんでした。ところが、これらの話と国分寺崖線の話がつながって、私は自分の知識が一気に拡がった気がしたのです。

新しい知識とそれまでとくに意識していなかった日常の経験がリンクして、私は崖や坂の存在理由や意味が初めて理解できました。単なる知識ではなく、学問がいろいろな情報や経験とつながって、立体的な知識となって自分の生活の中で活きてくることを強く感じました。理解するというのはまさにこういうことなんだ、と私自身が初めて理解でき、学問の楽しさが感じられたのです。

このように、地形がどのように、そして、どうしてできたのか、という地形の成り立ちや成因を知る学問を地形発達史といいます。私は、地形発達史から地形研究の面白さを知り、それを調べて、さらに人に教えることを生業（なりわい）にしてきました。

しかし、それが続けてこられたのは、単に土地のでき方に興味がある、面白いからというだけではありません。私たちが目にしているありふれた景色（地形）も、私たちがまだ経験したことのないさまざまな作用や力が働いて作られてきたものなのです。その成り立ちや歴史を知ることで、過去にどんなことが起きていたのかを知ると同時に、将来どんなことが起きる可能性があるのかという未来の予測も可能になるのです。そういう知識があれば、万一、大地震や洪水などで想定外の事が起きても、私たちは混乱したり絶望したりすることなく、生き残るために適切な対応の道を探ることができると思います。地形は未来の道しるべになるのです。

また、地形のでき方を知っていれば、地下の地質を（もちろん地表に関連する比較的浅い部分ですが）を推定することもできます。もしあなたが、どこかで土地を購入しよう、あるいは利用させてもらおうとするとき、大がかりな事前調査をしなくても、地形を見ただけでおよその形成の歴史や地下の様子が分かります。購入や建築の際の判断材料を得ることもできるのです。

幸いなことに、最近はタモリさんが出演するテレビ番組「ブラタモリ」などのおかげで、地形を見てそのでき方や発達史などに興味を持つ方が増えてきました。本書では、そのような方々のお役に立とうと、日本各地のさまざまな地形がどのように作られてきたかを分かりやすく説明していきます。日本列島の成り立ちを単なる紙の上だけの知識ではなく、それぞれの経験に照らしながら理解していただこうとするものです。

日本列島100万年史――目次

執筆分担

山崎晴雄

第1章

第3章3・2

第4章4・1

4・3

4・4

第5章5・1

第6章

第7章

第8章

久保純子

第2章

第3章3・1

第4章4・2

第5章5・2

第1章

日本列島はどのようにして形作られたか

諸地形無常

我々が目にする地形は、はじめからそれがそこにあったわけではありません。また、いつまでもそれがそのまま残っているわけでもありません。地形は地表の形、凹凸（おうとつ）ですが、固体としての地球（地圏といいます）とそれを取り巻く大気や水（気圏、水圏）の接触面なので、両者の影響や作用を受け、さまざまな時間スケールの中で絶えず変化し続けているのです。仏教用語の諸行無常にならって「諸地形無常」ということができましょう。

このような地形を作り、それを変化させていく要因（営力）は大きく2つに分けられます。地形学の専門用語では「内的営力」と「外的営力」といいます。内的営力とは、地球の内部に原因を持つ作用や力のことです。具体的には火山活動によるマグマの噴出や地震活動、そして、それらにともなう土地の隆起・沈降などの地殻変動がその代表です。地形の大きな骨組みを作るような作用と考えてもよいでしょう。

一方、外的営力とは、地表面より上に原因がある事象で、長期的な気候の変化から短時間の集中豪雨まで、いろいろな時間スケールで地球表面を侵食したり、地層を堆積させたりする作用がそれにあたります。地球の表面を細かく切ったり盛ったり、あるいはヤスリをかけたりする作用といってもよいでしょう。この背後には、太陽エネルギーと地球の重力作用が関わっています。

　このほか、地形（自然）を変えるもうひとつの力として、人間の営みが指摘されています。大規模な土木工事のみならず、人々の日々の営みが地形を変化させていきます。この影響はまだあまり大きくないように見えますが、河川上流でのダム建設によって下流部へ土砂が供給されなくなり、各地で海岸侵食が発生するなど、現象はじわじわ顕在化しているようです。以上の3つの営力が組み合わさって、現在我々が目にするいろいろな地形が作られています。

日本列島とプレートテクトニクス

　日本の地形形成に強く影響する内的営力は「プレートテクトニクス」です。ご存じのように、地球の表層は何枚もの移動する板状の岩盤（プレート）に分かれていて、それぞれが異なった動きをしています。そのため、片方のプレートがもう片方の下に沈み込んだり（収束、海溝など）、プレート同士がすれ違ったり（横ずれ、トランスフォーム断層）します。また、地球内部からマントルが湧き上がり、新たにプレートが形成される（発散、海嶺など）ところもあります（図1・1）。

　プレートは、巨大な硬い岩盤で、内部で変形することはほとんどありません。そのため、プレート同士の運動によって引き起こされるずれや歪みは、プレートの境目に集中します。その結果、プレートの境界にあたるところで地殻変動や火山活動などが発生するのです。

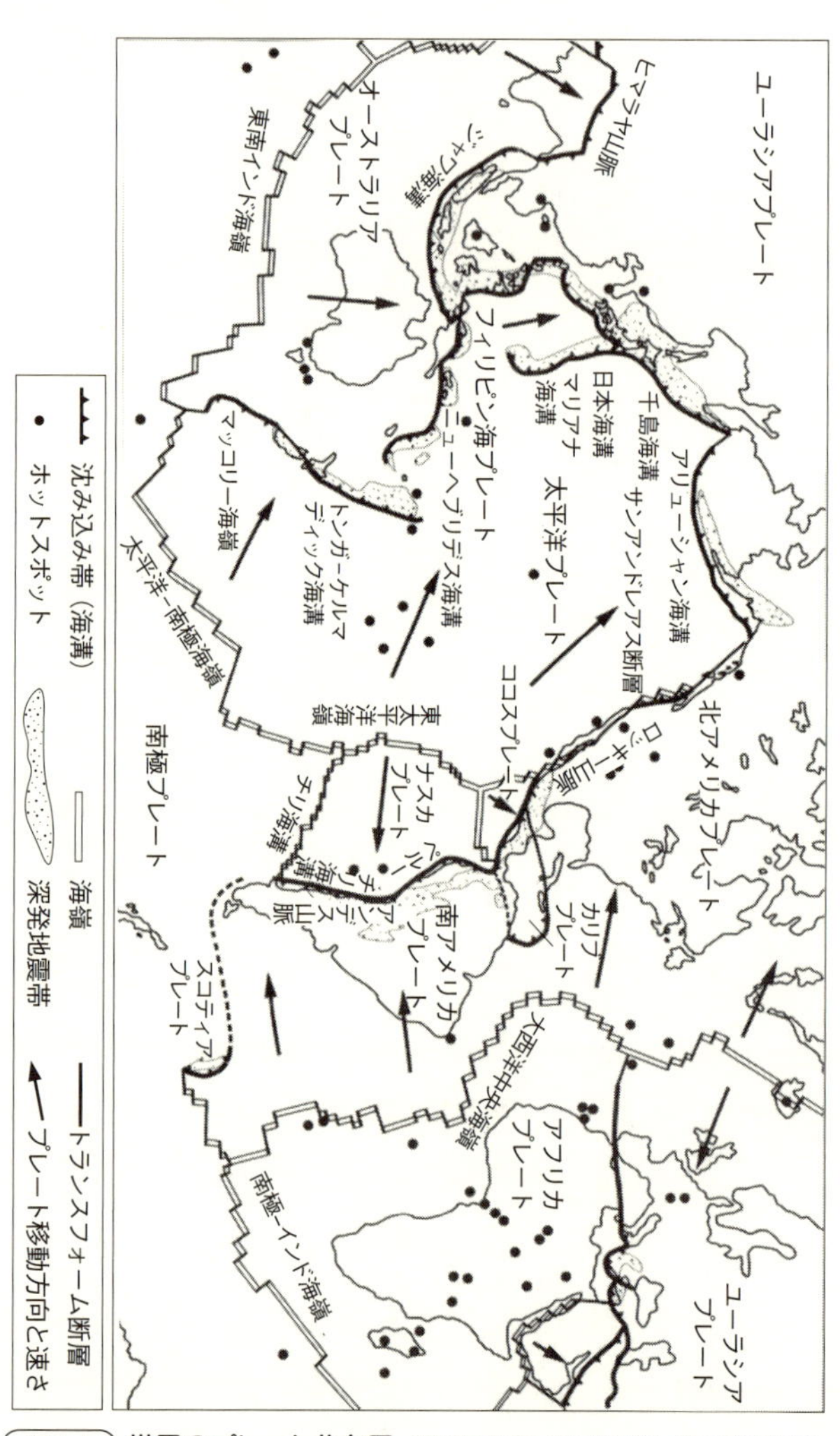

図1.1 **世界のプレート分布図**（町田ほか編『第四紀学』朝倉書店より）

また、プレートには大陸を作る大陸プレートと、海洋底を作る海洋プレートの2種類があります。いずれのプレートも、地球のいちばん外側を作る地殻とその下の上部マントルの最上部で構成される硬い岩盤ですが、大陸と海洋では地殻の厚さと組成は異なります。

大陸プレートの地殻は、厚さ30～40キロメートルと厚いのですが、密度の低い花崗岩からできています。一方、海洋プレートのそれは薄いのですが、密度の高い玄武岩で主に構成されています。上部マントル最上部も加えたプレート自体の厚さはプレートの年代によって異なりますが、大陸性のプレートは１００キロメートル程度、海洋性のプレートは厚いところでも70キロメートル程度と考えられます。このため両者がぶつかると、多くの場所では密度の高い海洋プレートが、密度の低い大陸プレートの下に潜り込みます。こうしてプレートの沈み込みは起きるのです。

ユーラシア大陸の東の端に位置する日本列島は、こうしたプレートの沈み込みの場となっています。日本列島の下では、南東から海洋プレートである太平洋プレートが大陸プレートである東北日本の下に、南からは海洋プレートのフィリピン海プレートが大陸プレートの西南日本の下に、それぞれ沈み込んでいます。さらに日本の南の沖では太平洋プレートとフィリピン海プレートの海洋プレート同士がぶつかりますが、そこでは相対的に古くて重い太平洋プレートが、若くて軽いフィリピン海プレートの下に沈み込んでいます（図１・２）。

そのため、日本列島やその周辺には、プレートの沈み込み運動に関連したいろいろな変動が起

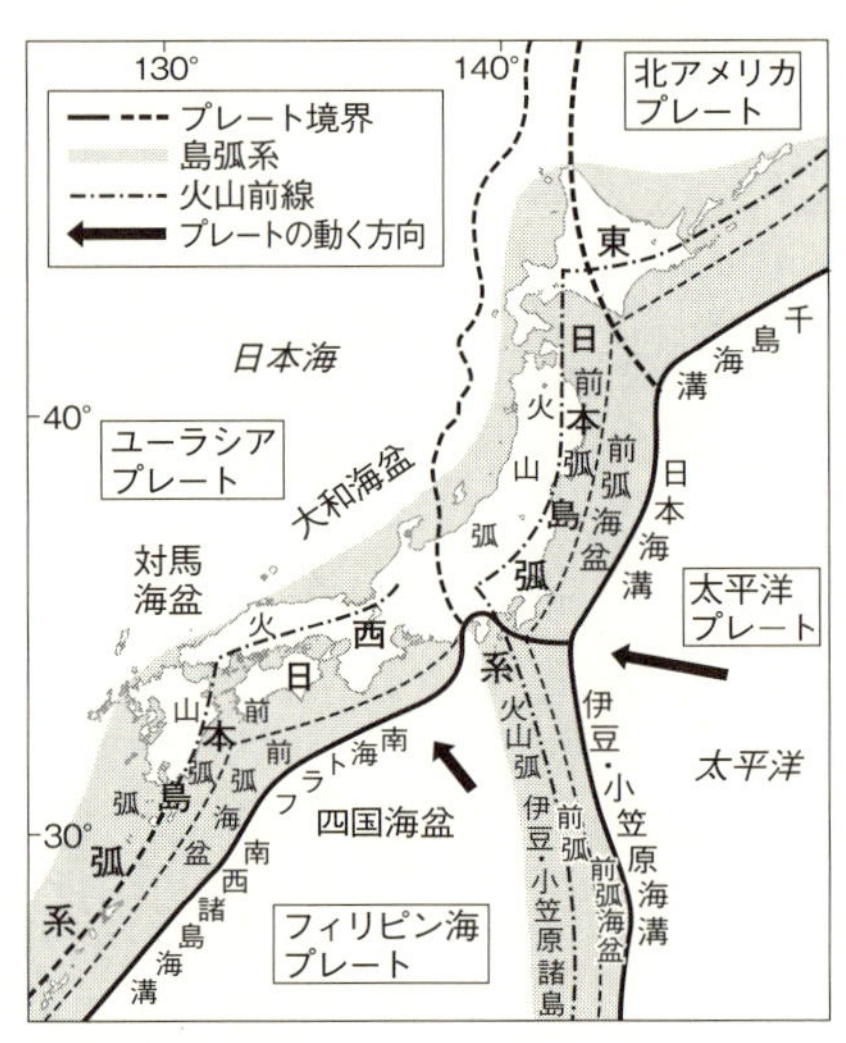

図1.2 日本列島に関連するプレート

き、それによって作られたさまざまな地形が存在しています。その多くは大規模な地形なので、地上で景色を見てすぐに理解できるというものではありませんが、人工衛星のように遠く離れた視点から全体を見渡すと、その特徴がよく分かります。

日本海開裂と日本列島の誕生

日本列島に特有なこととして、そして現在の地形の成り立ちにも深く関与しているのが、1900万年前〜1500万年前に起きた日本海の開裂です。

日本海は、日本列島と大陸の間に形成された海で「縁海（えんかい）」と呼ばれます。日本海開裂とは、海洋プレートの沈み込みが行われていたユーラシア大陸の東の端で、沈み込む海洋プレートと、その上の大陸プレートとの間のマントルに対流が発生し、その湧昇流で大陸プレートが引き伸ばされ、ついには分裂し、その下の海洋プレートが現れ拡大したことをいいます。これが、縁海である日本海の誕生です。

このような運動はアフリカと南米が分裂して、その間に大西洋が現れたのと同じメカニズムですが、縁海の場合はマントル対流の規模が小さいためか、大きな海洋は作られずに拡大は終了してしまうようです。

日本海開裂によって分断された東側の細長い大陸地殻は、回転しながら東側へ移動しました。この時、現在の東北日本は反時計回りに、西南日本は時計回りに回転し、両者の間にはフォッサマグナと呼ばれる大地溝帯が形成されました。海洋プレートの沈み込みによる圧縮力は弱く、日本列島は全体に外側に引っ張られる力が加わり、地殻は引き伸ばされました。このとき、日本列島の地殻の中に大規模な正断層が生じました（正断層については後述）。巨大な地滑りのようなものがあちこちにたくさん生じたと思ってください。フォッサマグナも同様にしてできたものです（図１・３）。

その後、日本海は開裂を止め、日本列島は押される力（圧縮）も引っ張られる力（伸張）もない中立な状態で、およそ１０００万年が経過しました。そして、３００万年前頃から、日本列島付近は強い圧縮を受けるようになりました。これは、西南日本の下に沈み込むフィリピン海プレ

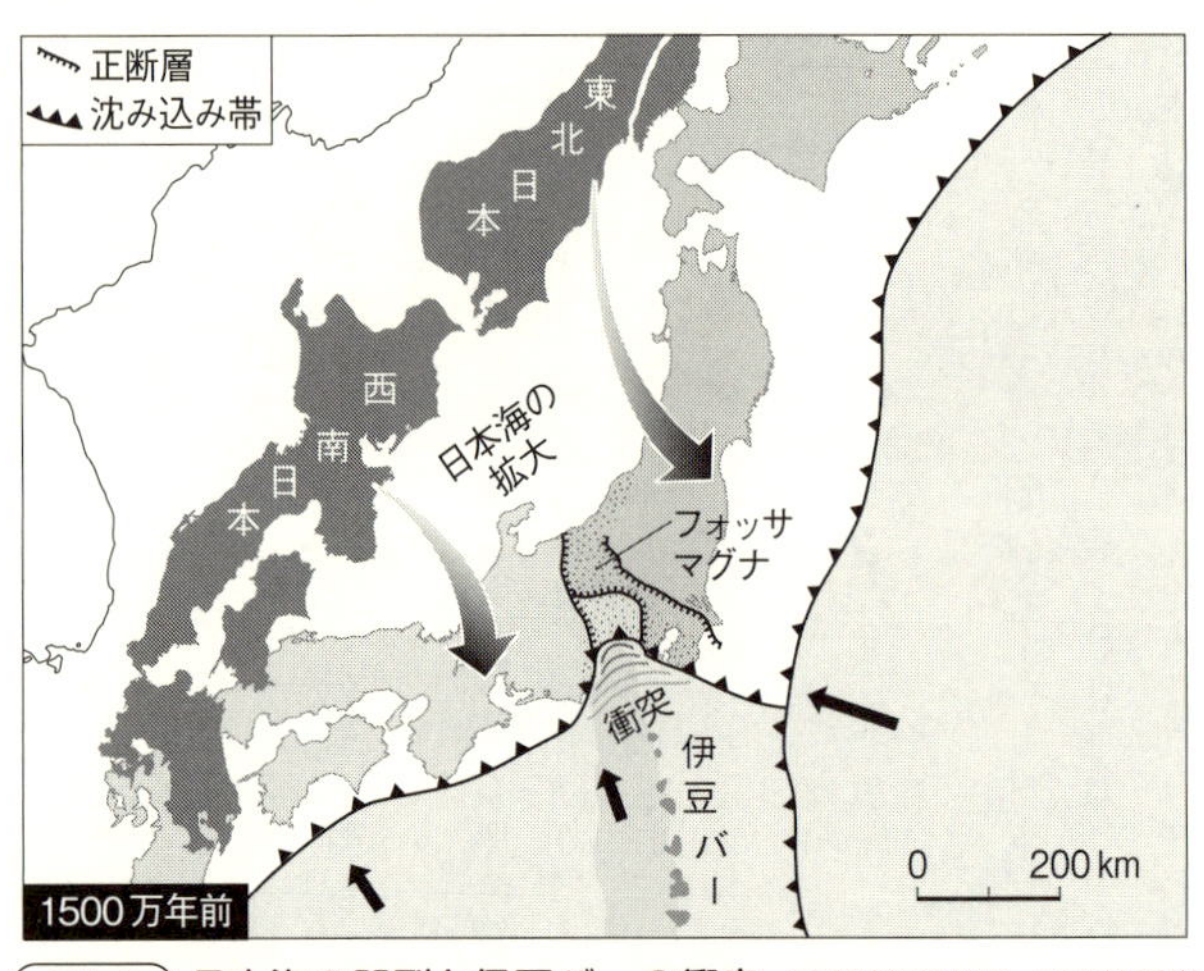

図1.3 **日本海の開裂と伊豆バーの衝突**（高橋2008原図，日本地質学会編『日本地方地質誌3　関東地方』朝倉書店より改変）

ートの運動が変化したためと考えられています。

列島にかかる力が圧縮に変わると、地殻が引き伸ばされたときに作られた正断層が、地殻の弱い部分となってこんどは逆断層（逆断層の詳細は後述）として動き出します。このような逆断層は多くがその後活断層として活動を続け、山地と平野・盆地などの地形境界となって日本列島の地形の凹凸を作っています。つまり、現在地表で認められる地形の凹凸のルーツは、1500万年前の日本海開裂に求められるのです。

また、本州が中央部で弧状に曲がっているのは、日本海の拡大によって2つの弧に分断されたためです。前述のように折れ曲がった部分は陥没帯となり、フォッサマグナになりました。この陥没帯はその後の火山活動や堆積作用で厚く埋められていて、大陸を作っていた基盤岩を地表で見ることはできません。

フォッサマグナ付近には、海洋プレート側から沈み込みにくい火山性ブロック（地殻）が衝突して、日本列島側が大きく変形しています。

日本列島の南東側の太平洋の海底では、西北西へ移動する海洋性の太平洋プレートが、西側にある同じく海洋性プレートのフィリピン海プレートの下に沈み込んでいます。太平洋プレートのほうが古くて重いため、フィリピン海プレートの下に潜り込んでしまうのです。そのためフィリピン海プレートの東の縁には、海洋プレートでありながら、火山活動で形成された伊豆バーと呼ばれる厚い火山性地殻が形成されています。

伊豆バーは、フィリピン海プレートの北西への移動にともなって北上し、ついには日本海開裂後の本州に衝突しました。そのため、古生代～中生代における太平洋側からのプレート沈み込みで形成されていた西南日本の東西に延びる地質構造は、南から押されて北側にへこみ、湾曲してしまいました。現在の赤石山脈から関東山地へ続く伊豆の北側を取り囲むような「八」の字型の地質構造は、伊豆バーの衝突にともなって、その上にあった沈み込みにくい火山性地殻が次々と本州にぶつかって西南日本の地質構造を大きく変形させてしまった結果です。

伊豆半島はかつて太平洋沖の伊豆バー上に形成された火山性の地塊（海底火山の集まり）がプ

レート運動で北上し、１００万年ほど前に本州に衝突して日本列島の一部になったものです。同様に、その北側にある丹沢山地は５００万年前に、さらに富士山の北にある御坂山地は９００万年前頃に本州に衝突して日本列島に付加し、その一部になっていったと考えられています。

日本列島はなぜ弓形をしているのか

日本海開裂によって、大陸本体からは少し離れて島々が連なる日本列島が形成されました。また、その連なりは直線状ではありません。中央部で曲がっているのは、前述のとおり、日本海の拡大によって分断されたためですが、それ以外にも、弓の弧のように太平洋側に湾曲して張り出した区間がいくつも並んでいます。

こうした日本列島のような島の連なりのことを「島弧」あるいは「弧状列島」といいます。花を編んで綱状にしたはなづな（花綵）になぞらえて、「花綵列島」と優雅に呼ばれることもあります。この弓型の湾曲が弧状列島の大きな特徴ですが、これはどうしてできたのでしょうか。

弧状列島の形成理由については、戦前から地形学者の間で議論されていました。しかし、当時はまだ、そのメカニズムなどについては未解明のままでした。

１９６０年代の後半になると、米国でプレートテクトニクスの考えが確立しました。ところが、当初、日本の地質研究者の多くはそれを容易には受け入れようとしませんでした。それまでの地質構造発達の考えをドラスティックに変えてしまうものだったからです。

当時、地質構造を作る地殻変動は、地向斜（ちこうしゃ）と呼ばれる地殻の上下方向への運動が中心と考えられていました。一方、プレートテクトニクスは、地殻が水平方向に動いて地殻変動を引き起こすというもので、考え方の基本がまったく異なったのです。ここから、垂直派（プレートテクトニクスに否定的な研究者）と水平派（プレートテクトニクス受容の研究者）という言葉も生まれたほどです。

ところが、地形の成り立ちを探る地形学の研究者には、プレートテクトニクスの考えは比較的スムーズに受け入れられました。というのも、弧状列島に関してこれまでうまく説明できなかった疑問やプロセス、すなわち、なぜ島弧は弧状を示すのか、どうして日本列島には地震や火山が集中しているのか、などの事象を、プレートの沈み込みという地球のメカニズムで見事に統一的に説明してくれたからです。

プレートは球面上の湾曲した板（球殻）ですが、この板が面積を変えずに、そして、裂けたり割れたりせずに地球の中に沈み込んでいくためには、沈み込み口の平面形は弧状にならざるをえないのです。これはプラスチックでできたピンポンの球を指で押して、その表面を凹（へこ）ませると、その凹みの縁は円形、つまり弧状になっていることからも理解できると思います。球殻であるプレートが折れ曲がって他のプレートの下に潜り込むとき、その折れ曲がりの形は弧状になるということです。

ただ、弧状の成因にはもうひとつ別の考え方もあります。

日本列島はいくつかの島弧が連なった形状をしています。その島弧と島弧の接合部、つまり最も大陸側に凹んでいるところでは、沈み込む海洋プレートの上に海山列や海嶺(かいれい)（リッジ。海底にある山脈のような地形）などが存在し、それらがプレートとともに沈み込んでいます。カムチャツカ半島の東側、千島列島（千島弧）とアリューシャン列島（アリューシャン弧）が接する部分には、ハワイから延々と続く天皇海山列が沈み込んでいます。西南日本と沖縄から九州に続く琉球弧が接する部分には、九州－パラオリッジという海洋底が高く盛り上がった部分が沈み込んでいます。

このことから、弧状の形態は、海洋プレート側に海山やリッジなどの沈み込みにくい部分があると、それがプレート沈み込み境界を大陸側に押し曲げて、結果として島弧が弧状になるとも考えられるのです。どちらの考えが正解かはまだ分かっていません。あるいは両方の効果で弧状に曲がった島弧が存在しているのかもしれません。

火山と火山フロント

弧状列島の特徴を最も表しているのが火山でしょう。火山は地下のマグマがマントル内から上昇してきて地表に噴き出したものです。このとき、地下10キロメートルほどの深さにマグマを溜める貯留庫のようなマグマ溜まりと呼ばれるものができます。地殻深部からの供給でマグマ溜まりが一杯になっていると、地殻に加わる力が変化した際にマグマが地表に噴き出してくるのです。これが噴火です。水を入れたビニール袋を横から押すと、上の口から中の水が噴き出すのと同じ原理です。

　マグマがどのように形成されるかには2種類あります。ひとつはプレートの沈み込みで形成されるものです。マグマはマントルを構成するかんらん岩が溶けてできたものです。岩石は温度が高いほど溶けやすいのですが、一方圧力が高いほど溶けにくくなります。地球内部の状態は、深部ほど高温で岩石は溶けやすいのですが、圧力も高くなるので、深い場所ならどこでもマグマができるというわけではありません。温度と圧力の関係から、岩石がいちばん溶けやすくなるのは、深さ１００キロメートル付近と考えられています。

　ただし、地下１００キロメートルでは岩石が皆溶けてマグマになるかというと、そうではありません。マグマができるには、さらに融点の温度を下げる触媒が必要です。つまり、温度が低くても溶ける状態を作ってあげなければなりません。その触媒となるのが、じつは水なのです。地下深部に水を供給してくれるのは、沈み込んだ海洋プレート（スラブ）なのです。

　海洋プレートは、沈み込む前は海底で水と接していたので、割れ目などの中に多量の水を含ん

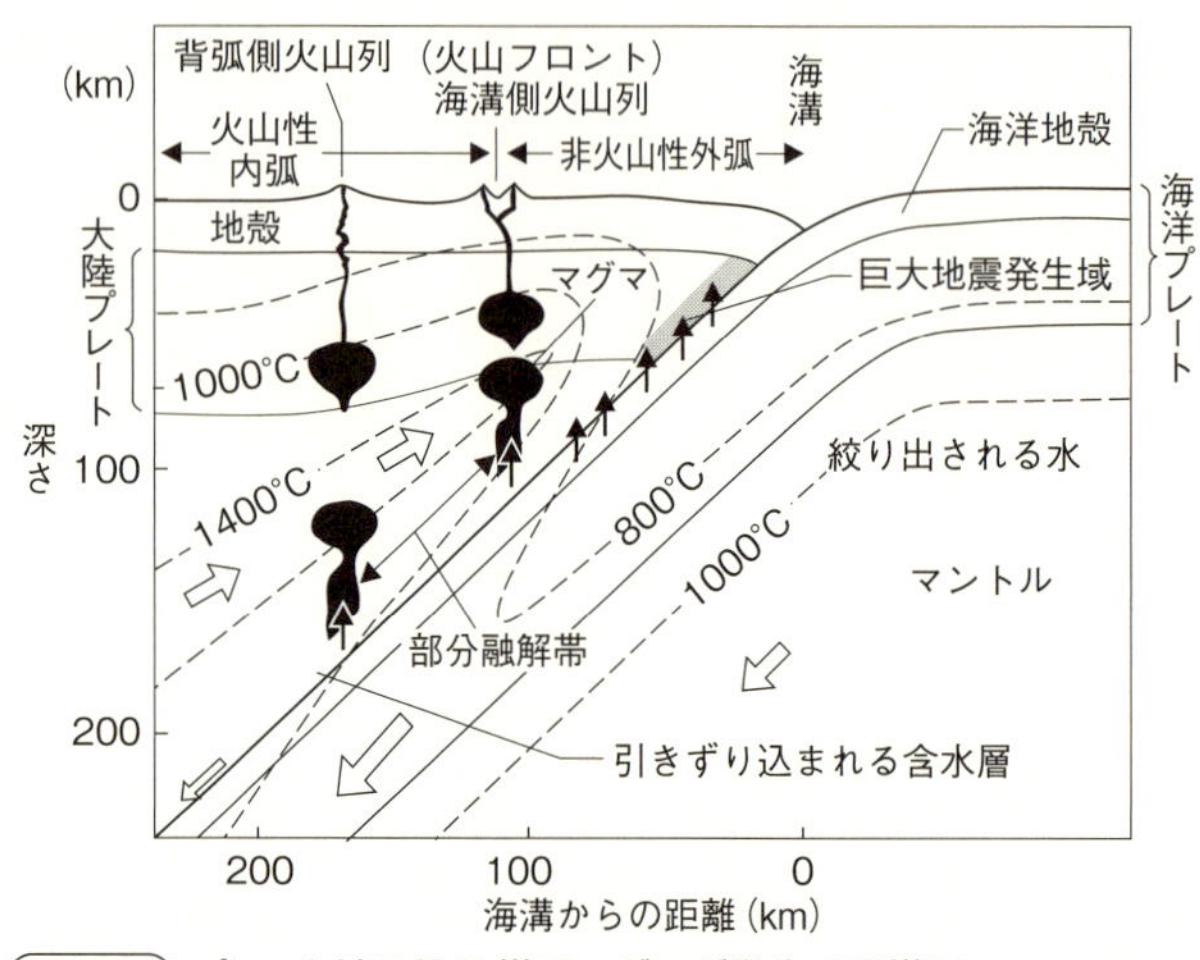

図1.4 **プレート沈み込み帯でマグマが発生する様子**（巽1995原図，町田ほか編『第四紀学』朝倉書店より改変）

でいます。沈み込んでいく過程でスラブから水が絞り出されていきますが、浅いところで絞り出された水はマグマ形成には関与しません。しかし、深さ100キロメートル付近で沈み込むスラブからマントルに水が供給されると、岩石の融点が下がってマグマが形成されるのです。形成されたマグマは周囲より密度が低いため浮力で上昇し、前述のマグマ溜まりにマグマを供給し、地表に火山が出現します（図1・4）。

このように火山は、沈み込んだ海洋プレートの上面が深度100キロメートル付近の地表から背弧側（島弧の内側。海側から見て島弧の背後にあたるのでこう呼ぶ）に出現し始めます。海溝側の沈み込むプレートの深度がこれより浅い部分の地表には形成されません。この火山ができ始める境界を「火山フロント」といいます。

プレートテクトニクス理論が現れる前は、火山が線状に並ぶことは分かっていたので、富士火山帯とか那須火山帯のように、主要な火山を中心にいくつか火山が線状に連なって並ぶところを火山帯と認識して名称を付けていました。しかし、プレート運動による火山の形成過程が理解されるようになると、そのような呼び方は意味がないので、○○火山帯という言葉はほとんど使われなくなりました。そのかわり、島弧の火山全体を指して、東日本火山帯とか西日本火山帯と呼ぶ場合はあるようです。

しかし、地球の火山がすべてプレートの沈み込み帯に沿っているわけではありません。プレートの拡大境界では、マントルが上昇しているので、中央海嶺（かいれい）に沿って海底火山が形成されているのです。これらの火山は大きな規模のものはあまりありませんが、北大西洋に浮かぶアイスランドは、このような火山の中で最大のものです。

また、プレート運動とまったく関係ない場所に火山が形成されている場合があります。日本の近くではハワイなど海洋上の火山島、あるいは北朝鮮と中国の国境の白頭山（ペクトサン）（長白山）や韓国の済州島（チェジュ）などの大陸プレート上の火山です。これはホットスポットと呼ばれ、マントル深部からのマグマの供給（湧昇流）で形成されたものです。

地球表層のプレートは移動しますが、地下深部のホットスポットの位置は動きません。そのため、ホットスポットはその上を通過するプレート上に、ちょうど工場でベルトコンベアの上に部品を置いていくように、点々と火山を作っていきます。このような火山は、新しいうちは海上に姿を見せていますが、やがて火山をのせる海洋プレート自体が重くなってくるので、火山島は海の中に沈み海山となります。プレートの移動とともに海山が点々と並ぶことになり、海山列を作ります。

ハワイから北西には海底に海山が並び、ミッドウェー付近で向きを北北西に変えてアリューシャン列島とカムチャツカ半島の接合部付近に延びている天皇海山列では、主要な海山に日本の歴代天皇の名前が付けられています。この海山列の方向は、プレートの進行方向を示しています。天皇海山列の向きが一直線でないのは、太平洋プレートの運動方向が急に変わったためと考えられます。その時期はミッドウェー島などを構成する火山岩の年代測定値から4300万年前頃と推定されています。

ちなみに、前述のアイスランドはホットスポットとも位置が一致していて、中央海嶺との相乗効果で異常に大きな火山体が形成されているようです。

海溝が山を作る

海溝は、海洋プレートが大陸あるいは海洋プレートの下に沈み込む場所です。そのため、必然的に大陸の端に連続的に存在することが多くなります。沈み込みによって下に物質が引き込まれるので、地形的にも低くなって細長い溝となります。最深部の水深が1万メートルを超す海溝もたくさんあります。海洋の中で最も深い場所は、じつは大洋の中央部ではなく、大陸縁辺にある海溝なのです。

プレートの沈み込みが続くと、どんなことが起こるでしょうか。これは、皆さんが毎日乗るエスカレーターの終端部をイメージすると分かりやすいと思います。

まず、動いている踏板（ステップ部分）を沈み込む海洋底だと思ってください。もし、仮に誰かがそこにゴミを落としたとします。するとそのゴミは、動く踏板に乗って上の階に運ばれますが、エスカレーターの末端部では、ゴミは踏板と一緒に下に潜ることはできません。引き離されてエスカレーターのステップと上階床との境に残ります。同じことが繰り返されると、ゴミはどんどん溜まっていって、やがて大きなゴミの山ができてしまいます。

これと同様に、プレートの沈み込み部分では、海洋底に堆積した地層は地球の内部に入ることができず、引き剝がされて陸側プレート側の海溝斜面にくっつけられてしまいます。これは「付加体」と呼ばれるもので、陸から遠く離れた海域で堆積した細粒な深海底堆積物と、大陸側から海溝に運ばれたやや粗粒な堆積物で構成されています。沈み込みの際、新しい堆積物は古い堆積物の下に潜り込むように堆積していきます。

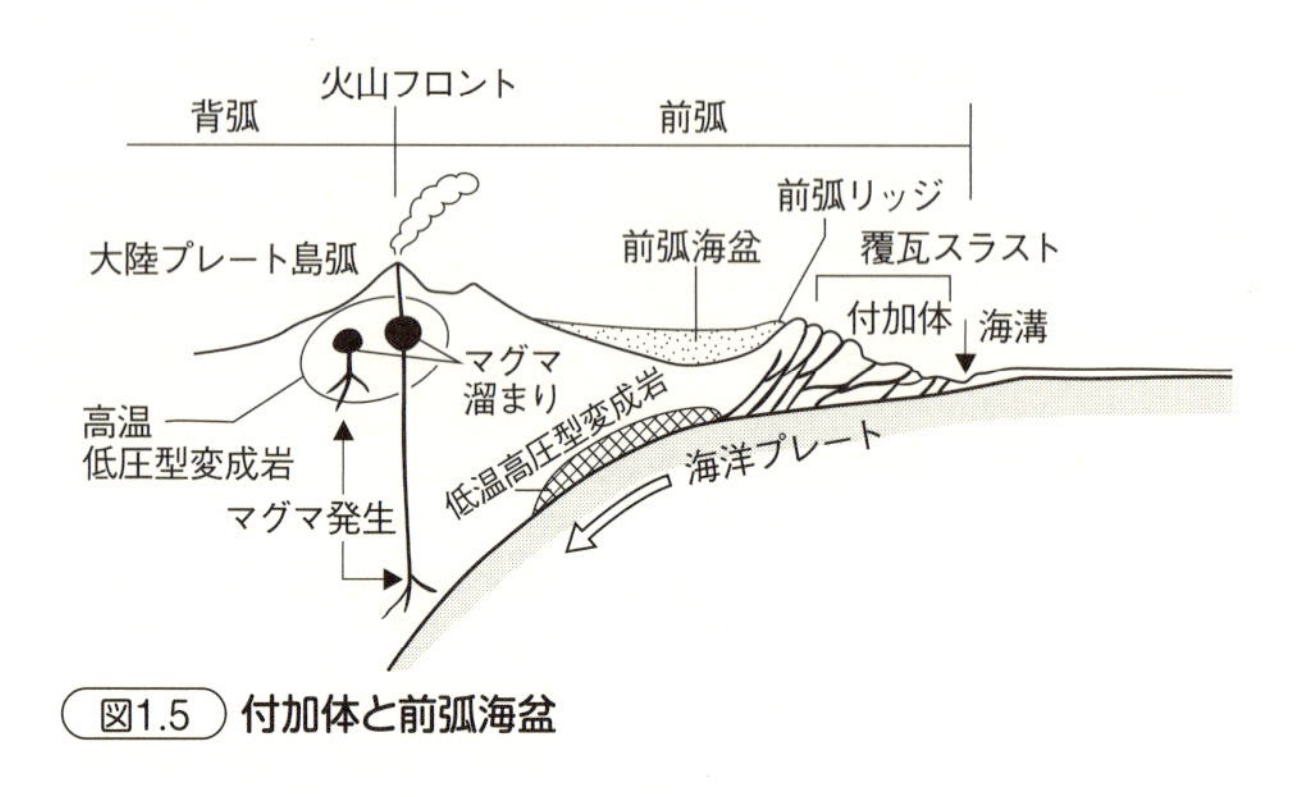

図1.5 **付加体と前弧海盆**

その結果、古い堆積物はどんどん隆起して「前弧リッジ」、あるいは「外縁隆起帯」と呼ばれる高まりを作ります。この高まりは大陸側から海溝へ流れ込む砂や泥を堰き止め、その背後にそれらが堆積した平坦な面が形成されます。これは「前弧海盆」または「深海平坦面」と呼ばれます（図1・5）。

付加体はさらに成長すると、最後には造山帯として山脈を作ります。アンデス山脈やロッキー山脈など、新しい造山帯が大陸の縁にあるのはこのためです。もちろん日本列島も大陸の縁にできた新しい造山帯であり、付加体の形成が繰り返されてきました。西南日本の外帯（第7章図7・1・1を参照）には中生代以降の三波川（さんばがわ）帯、四万十（しまんと）帯などの付加体堆積物が帯状に配列しています。

弧状列島は日本列島以外にも、アリューシャン列島や千島列島、インドネシアのスンダ列島などがあり、太平洋やインド洋の縁に沿って形成されています。これらの地域はいずれも、海洋プレートが大陸プレートの下に沈み込むプレート境

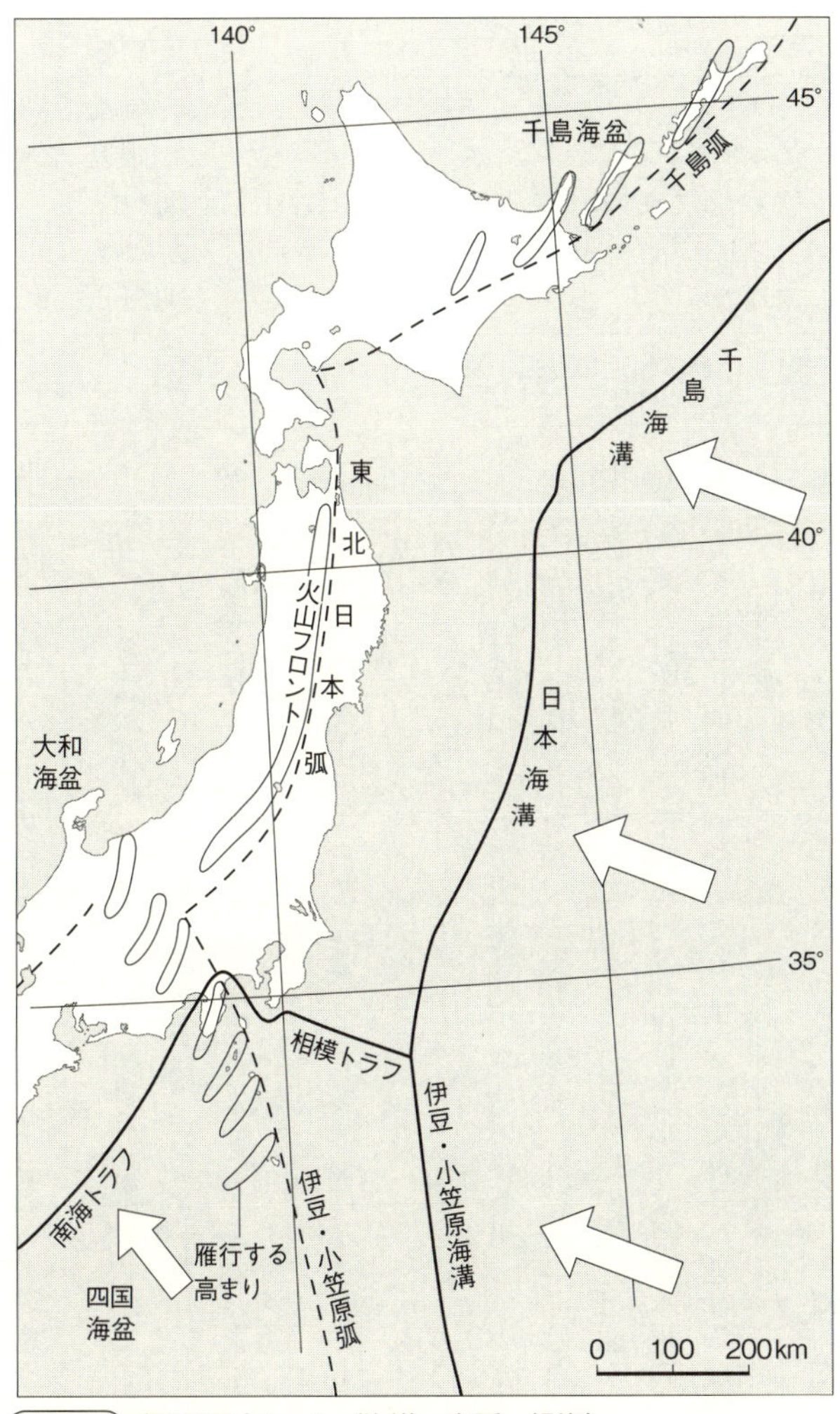

図1.6　島弧の3点セット（海溝・島弧・縁海）

海溝	島弧	縁海
千島海溝	千島弧	千島海盆
日本海溝	東北日本弧	大和海盆
伊豆・小笠原海溝	伊豆・小笠原弧	四国海盆
南海トラフ	西南日本弧	対馬海盆
琉球海溝	琉球弧	沖縄トラフ

表1.1 日本付近の島弧・海溝

界に位置しますが、その内部の地形配列にも共通した特徴があります。

まず、いちばん外側（海洋側）に、海溝が島弧と平行して存在しています。そして、その内側に島弧本体の高まりがあり、その上に火山が形成されています。これも島弧と平行に並んでいます。さらに、島弧と大陸の間に小さな海である縁海が存在しています。このような、海溝、火山帯のある島弧、そして縁海の3点セットが、島弧・弧状列島の大きな地形的特徴です（図1・6）。このような地形配列を「島弧・海溝系」と呼びます。

日本列島は本州を含めて太平洋側に弧状に張り出しています。しかし、先にも触れましたが、よく見るとそれはひとつではなく、多数の弧の組み合わせになっています。日本列島の周辺は北から、千島弧、東北日本弧、太平洋に延びる伊豆・小笠原弧、本州の真ん中から西へ延びる西南日本弧、そして九州から沖縄へ延びる琉球弧の5つの島弧で構成されています。これら島弧もそれぞれ、海溝・島弧（火山帯）・縁海の3点セット（島弧・海溝系）を備えています

（表１・１）。

この表から、日本海は大和海盆と対馬海盆の２つの縁海で構成されていることが分かります。また、四国海盆というのは伊豆諸島より西側の太平洋に広がる深さ４０００〜５０００メートルの平坦な海底です。この海域には南北方向に延びる細長い海底の高まり（紀南海山列）があります。これはかつての拡大境界の名残（海嶺）であって、東側の伊豆・小笠原海溝での太平洋プレートの沈み込みに関連して、かつて拡大していた縁海と考えられます。

大地形の雁行配列

島弧の地形をもう少し詳しく見てみましょう。まず、本州の中央部の山岳地帯に目を向けてください。ここには日本アルプスが存在します。日本アルプスは標高３０００メートル級の３つの山脈、北から、飛騨（ひだ）、木曽（きそ）、赤石（あかいし）の各山脈で構成され、いずれも長さ１００キロメートルほどで南北ないし北北東―南南西方向に細長く延びています。この３つの山脈の配置を見ると、飛騨山脈の南東に中山道（なかせんどう）と中央西線の走る木曽谷（きそだに）を挟んで木曽山脈が位置し、さらに木曽山脈の南東には飯田線の走る伊那谷（いなだに）を挟んで赤石山脈が存在しています。

これら３つの山脈の配置は、漢字の「杉」や「形」という字の旁（つくり）の部分「彡（さんづくり）」のような形で並んでいます。この配列の形は、鳥の雁が群をなして飛ぶときの形（雁行（がんこう））とも似ているので、雁行配置とか雁行配列といいます。また、この「彡」の形は、下の「ノ」から始めると、その先端の左上に次の「ノ」が来るので、これを左雁行といいます。カタカナの「ミ」のように、先端の右上に次の「ノ」がくれば右雁行と呼ばれます。日本アルプスの山脈は、左雁行配列しているということになります。

このような雁行配列は、赤石山脈の南東にも続きます。駿河湾を挟んで南東側に伊豆半島の高まりがあり、同様の高まりはさらに南東から南側の伊豆諸島にも続きます。大島・新島・神津島は独立した火山島ですが、海底を見ると北東―南西方向に延びる長さ100キロメートルほどの山地状の高まりの上に載っています。北アルプスの上に乗鞍や焼岳の火山があるのとよく似た地形になります。

さらに南側には三宅島の高まり、さらにその南には八丈島の載る高まりがそれぞれ北東―南西方向で延びています。本州中部から南に延びる伊豆・小笠原弧の100キロメートル規模の大地形の高まりには、左雁行配列が認められるのです。

一方、目を北に転じて、北海道の東にある千島弧を見てみましょう。千島弧の西端は知床半島ですが、これは東北東―西南西方向に延びる長さ100キロメートルほどの山地です。その先端の南東（右下）側には根室海峡を隔てて国後島があり、これも東北東―西南西方向に延びています。択捉島、さらにその南東にはウルップ島と続き、千島弧を構成する島々は雁行配列、それも

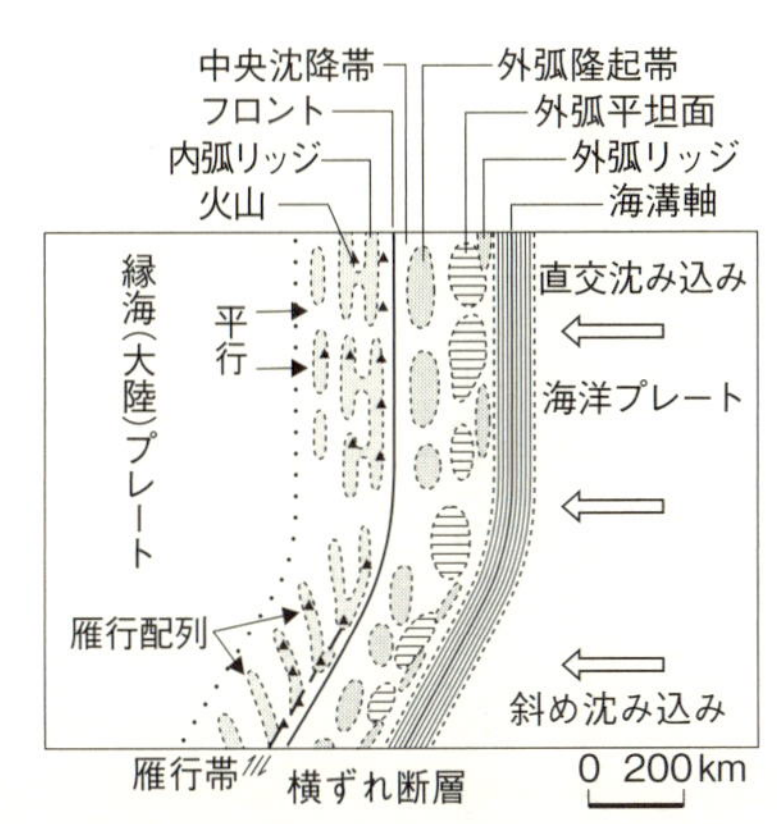

図1.7 **島弧の雁行配列モデル**（貝塚1972原図，米倉ほか編『日本の地形1　総説』東京大学出版会より改変）

伊豆とは反対の右雁行配列を示しています。

千島弧と伊豆・小笠原弧の間にある東北日本弧はどうでしょうか。東北日本は奥羽山脈の上に火山が噴出して弧の主軸を作っていますが、山脈は南北から北北東―南南西方向、つまり、島弧の方向と平行に真っ直ぐ延びていて雁行配列を示しません。しかし、これら三者の下に沈み込んでいるのは１枚の太平洋プレートです。

三者間の違いは沈み込むプレートにあるのではなく、沈み込まれる島弧の方向、もっと詳しくは海溝の方向にあるのです。太平洋プレートの進行方向は、１枚の岩盤なのでどこでも同じで西北西です。しかし島弧のほうは沈み込まれる方向の違いによって、端に現れる地形に違いが出るのです。

東北日本弧の場合は海溝は北ないし北北東―南

南西なので、ほぼ直交方向から海洋プレートが沈み込んでいます。この場合、島弧には海溝と平行な方向のシワが寄るのです。奥羽山脈やその東側にある東北本線が通る中央低地がこれにあたります。一方、千島海溝は東北東に延びているので太平洋プレートは斜めに沈み込み、島弧には右雁行状のシワがよるのです。知床半島や千島列島の島々がこのシワにあたります。伊豆・小笠原海溝は北北西─南南東方向に延びているので、ここでの斜め沈み込みは島弧に左雁行のシワができます。北アルプスから伊豆諸島に続く雁行する高まりがこれにあたります。

太平洋プレートの沈み込みは、このように周辺の沈み込まれた島弧の大地形に影響を与えているのです（図1・7）。

地震はどうして起きるのか

地震は、プレートの沈み込みにともなって発生する重大な出来事です。突発的に発生するので人間生活に大打撃を与える自然現象で、古くはギリシャ時代にその原因が研究されていたという記録もあります。

しかし、意外に思われるかもしれませんが、地震の正体が地下の断層運動だと科学的に証明されたのは1960年代、つい最近のことです。マグニチュード（M）9以上の超巨大な地震からM1以下の微弱な地震まで、すべて地下の断層運動が原因です。

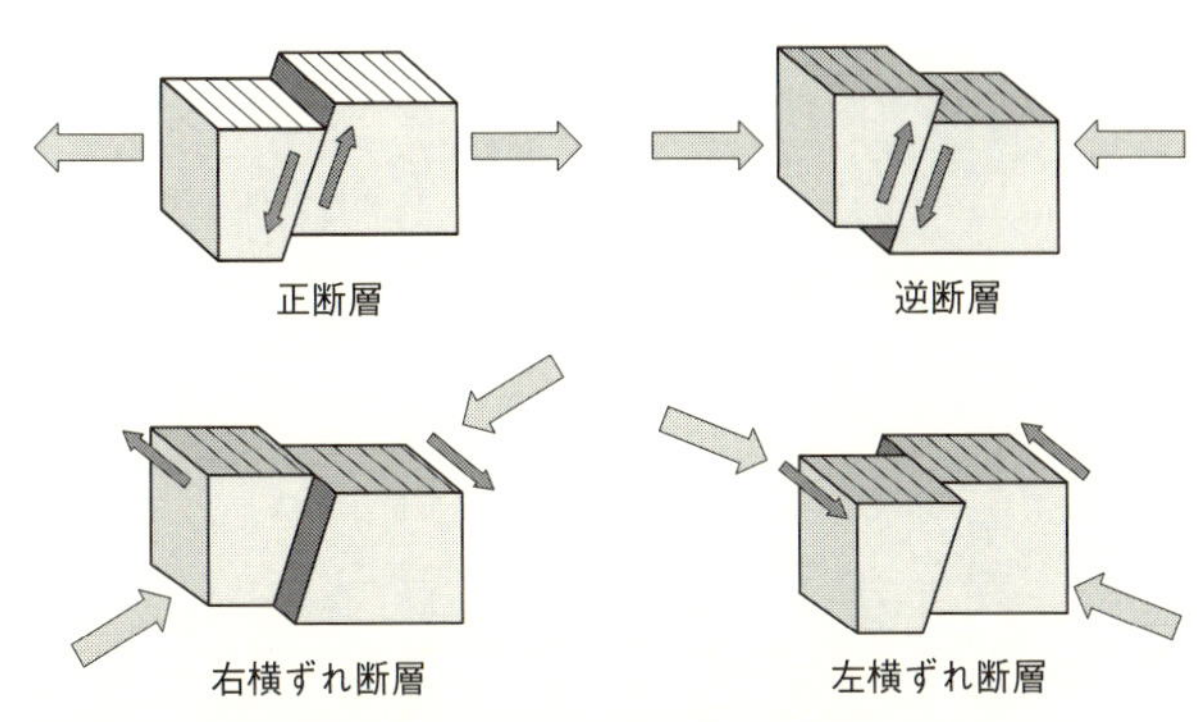

図1.8　断層運動の変位様式による活断層の基本タイプ

断層運動とは、地殻の中にある断層（割れ目）を挟んで、地殻を構成する両側の岩石が食い違う現象です。このことを「断層が動く」といいます。断層自体は境目なので動くというのは少し変ですが、慣習としてそう表現します。

このとき、地下の断層面上で断層が最初に動き始めるポイントを地震の震源といいます。地震波は断層が動いた部分（断層面上）のどこからでも発生するので、地震波から詳細な場所を特定できるのは最初に地震波が発せられる点、つまり断層が最初に動き出した点だからです。

断層が動く原因は、地殻の歪みです。地殻を構成する岩石には、いろいろな方向から力がかかりますが、それによって生じた歪みが限界に達すると地殻内で強度の弱い部分（弱線あるいは弱面といいます）である断層でずれが生じるわけです。力のかかる向きと断層面の傾きの方向によって、断層のずれ方が変わります。その関係を表したのが図1・8で、逆断層、正断層、横ずれ断層の3つのタイプがあります。

現在の日本列島周辺では、プレートが沈み込む収束運動が続いているため、大陸プレートと海洋プレートが押し合い、岩盤が水平方向に圧縮されています。そのため、逆断層や横ずれ断層によって引き起こされる地震が大部分です。しかし、地殻を引き伸ばす力が働く火山地域や、巨大地震などの影響で地殻に局所的に引き伸ばす力が働く地域では、正断層による地震が発生することもあります。

2011年3月11日の東北地方太平洋沖地震（M9・0）の際には、東北日本が東側に伸びる大きな地殻変動が生じましたが、この地震の1ヵ月後、福島県いわき市で湯ノ岳断層という正断層が活動し、M7・0の地震を引き起こしました。これは超巨大地震によって、それまで地殻が圧縮される力を受けていた地域が、局地的に引っ張られる状態になり、そこにあった弱線が正断層の活動を行ったためと考えられます。

プレート境界地震と内陸直下地震

日本付近で起きる大地震は、その発生原因から大きく2つに分けられます。

ひとつはプレートの沈み込みにしたがって、海溝から沈み込んだプレート境界面に沿って生じた巨大な逆断層が引き起こす地震です。「プレート境界地震」、あるいは海溝に沿って発生するので「海溝型地震」と呼ばれています。プレートの沈み込み運動による歪みを一気に解消するので、頻繁に巨大地震が発生します。西南日本弧の南海トラフに沿って分けられたA～Eの区間では、それぞれほぼ１００年ごとにM８級の巨大地震発生が繰り返されてきました。沈み込み帯のうち６０００メートルよりも浅いものをトラフ、深いものを海溝といいます。

東北日本では海溝沿いに、さまざまな周期でM７～８級の巨大地震が発生しますが、２０１１年の超巨大地震は、東北日本沖の日本海溝沿いのプレート沈み込み境界が、広い区間にわたって一斉に連動して引き起こされたものでした。このような連動して起きる超巨大地震は、西南日本弧の南海トラフでも発生する可能性があるので、次の地震発生に備えて津波などの防災対策が急がれています。

もうひとつの大地震は、日本列島の内陸部で発生する「内陸直下地震」です。地殻内の活断層の活動が主な原因です。プレートの沈み込みで日本列島にかかる地殻内部の力は、その大部分がプレート境界地震で解放されてしまうので、内陸部にはそのおつりのような力がかかります。何回ものプレート境界地震の中で、内陸部に蓄積されたおつりの歪みは徐々に蓄積されていき、最後にそれが地殻の弱線である活断層の活動で解放されるわけです。

活断層はたくさんあるので、ひとつひとつの活断層での歪みの蓄積はプレート境界型に比べてずっと小さくゆっくりなものになります。そのため、活動間隔は短くても１０００年、多くが数千年以上で、長い場合は数万年にもなります。地震の規模も最大でＭ８、大部分がＭ７級です。

活断層の特徴は、活動によって地表に地震断層と呼ばれる断層地形を残すことです。このように断層運動などで地形がずれて変化することを、変位と呼びます。活断層は将来活動する可能性のある断層と考えられますが、その根拠は、地表付近で最近の地質時代に活動の繰り返しの証拠があることです。

ところで、大地震があったとき、地下の未知の活断層が動いた、などとマスコミで報じられることがありますが、これは誤りです。活断層は地表に証拠が残っているから活断層と認められるのであって、地表に過去の痕跡を残していない「未知の活断層」が存在するはずはないのです。

もし、活断層として知られていない断層が動いて地震が引き起こされたのなら、その断層は地震を引き起こした断層なので「震源断層」と呼ぶべきものです。単なる言葉の違い、とは思わないでください。活断層は震源断層が地表まで延びて出現したものですが、最近の地質時代に繰り返し活動した証拠を持つということが重要なのです。その証拠によって、将来、活断層がどんな間隔でどのような地震を引き起こすかということが推定できるからです。

活断層が引き起こす地震は、Ｍ７クラスの大地震と考えられます。活断層が地表に変位を残すためには、地震時に地震断層が出現する必要があります。日本では地震断層は経験的にＭ６・５

以上の地震でないと地表に出現しません。したがって、活断層が認められるということは、そこでは過去にＭ６・５以上（Ｍ７級）の地震が繰り返し発生していたと考えられます。

地震が地形を変えていく

プレート境界地震などの大地震の際、日本列島の沿岸部では海岸部が隆起したり、あるいは沈降したりすることがあります。これを地震性地殻変動といいます。地震性と断るのは、地殻変動には地震をともなわず、ゆっくりと広域にわたって地殻が昇降する曲隆(きょくりゅう)・曲降(きょくこう)という現象があるからです。

地震性地殻変動は、地震の前後で土地の様子が急激に変わるので、古代から記録が残っています。『日本書紀』には、天武天皇13年10月14日（西暦６８４年11月29日）に大地震があり、土佐では田畑50万余頃(しろ)（「頃」は当時の面積単位、50万余頃は約12平方キロメートル）が海中に没し、加えて津波が来襲したという記録があり、これは南海トラフ巨大地震による地殻変動の最初の文書記録です。

南海トラフの巨大地震では、室戸(むろと)岬など岬の先端部が大きく隆起し、内陸側に向かって隆起量は徐々に減少し、さらにその奥では逆に沈降する地域が出てきます。１９２３年の関東地震でも同様の傾向が現れました。房総半島や三浦半島、大磯海岸などが隆起するなか、東京湾の奥に向

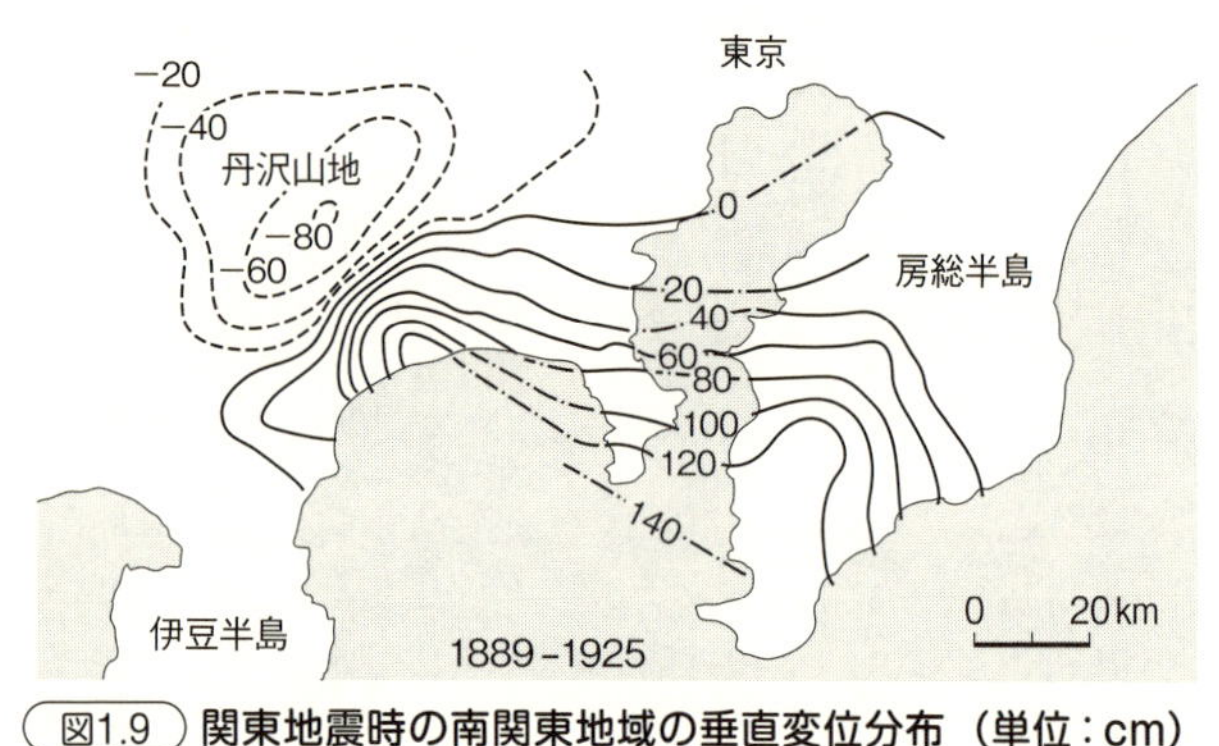

図1.9 **関東地震時の南関東地域の垂直変位分布（単位：cm）**
（Miyabe1931東大地震研究所彙報9巻より改変）

かって隆起量は減少し、地質学的には（長期的な平均では）激しく隆起していると思われる丹沢山地が、このときだけは逆に最大80センチメートルほど沈降しました（図1・9）。

このような地震性地殻変動は、一般に、海洋プレートの沈み込み運動で、弾性体として振る舞う陸側（上盤側）地殻が下に引っ張られて沈降し、その歪みの限界に達したとき、プレート間の巨大逆断層（プレート境界断層）がずれて大地震を発生させ、同時に下に引っ張られていた上盤側地殻は反発して元に戻る、という弾性反発説で説明されます。したがって、地震で隆起した上盤側地殻は、地震後また沈降し始め、次の地震の前まで沈降運動が続き、次の地震時にまた隆起するということを繰り返します。この地震間の沈降を逆戻りといいます。

このように、日本のような海溝に面する島弧の沿岸地域は、地震時の急激な隆起（あるいは沈降）と地震間（南海トラフ沿いの場合なら１００年程度）のゆっくりした沈降（あるいは隆起）を繰り返しています。

もし、地震時の隆起量と地震間の逆戻り量が同じなら、長期的には海岸の高度は変化しないのですが、実際には隆起量が逆戻りの沈降量を上回ることが多く、沿岸地域は長期的には隆起を続けています。その結果、海岸段丘は古いほど、それが最初に形成された高度よりもはるかに高いところに位置しています。

この地震の繰り返しサイクルの中で残っていく隆起の原因は、まだよく分かっていません。プレート運動によって大陸側に堆積物が付加されていくので、その体積増加が原因かもしれません。あるいは遠因はプレートの運動ですが、大陸地殻が曲隆運動のような非地震性のゆっくりした隆起を受けているためかもしれません。

また、内陸直下地震も地形にさまざまな変化を起こします。活断層はその活動の繰り返しによって、急な崖や、平坦面上の段差、複数の河道や尾根の連続した屈曲など、通常の河川侵食では考えられない独特の断層地形を発達させます。断層地形の詳細は第2章以降の各地域の解説に譲りますが、活断層の調査や認定は、この断層地形を手がかりにして、その周辺の新しい地層や地形の変位を踏まえて行われています。

プレート沈み込みが引き起こす長周期津波

2011年3月11日に発生したM9地震では、死者行方不明者あわせて2万人以上の犠牲者が出ました。その死因の多くは、東北沿岸を襲った巨大な津波に巻き込まれた溺死でした。東北の三陸地方はリアス海岸で、津波が来ると湾奥に波が集中して波高が上がるため、これまでもしばしば大きな津波災害を受けてきました。しかし、今回の地震では三陸だけではなく仙台などの平野でも、海岸から5キロメートル以上内陸まで波が浸入しました。この原因は、津波の波長がこれまでのものに比べてずっと長かったためです。

津波は、風で引き起こされる海岸の波とはまったく異なります。海岸の波なら波長は100メートルほど、周期も10秒くらいなので、一瞬水を被っても波はすぐに引きます。

ところが津波は波長が長く（数十キロメートル）、周期も長い（数分~数十分）ので、海面が上がったままの状態が長く続きます。これが通常の津波ですが、もしもっと波長の長い津波が内陸に浸入したらどうなるでしょうか。海面の高さが長く上がったままの状態が続くことになり、海水はどんどん内陸に入っていきます。3・11の津波はこのようにして仙台平野の中に深く浸入し、多くの被害を引き起こしたのです。

ではどうして長周期の津波が生じたのでしょうか。津波は地震の震動で発生するのではありま

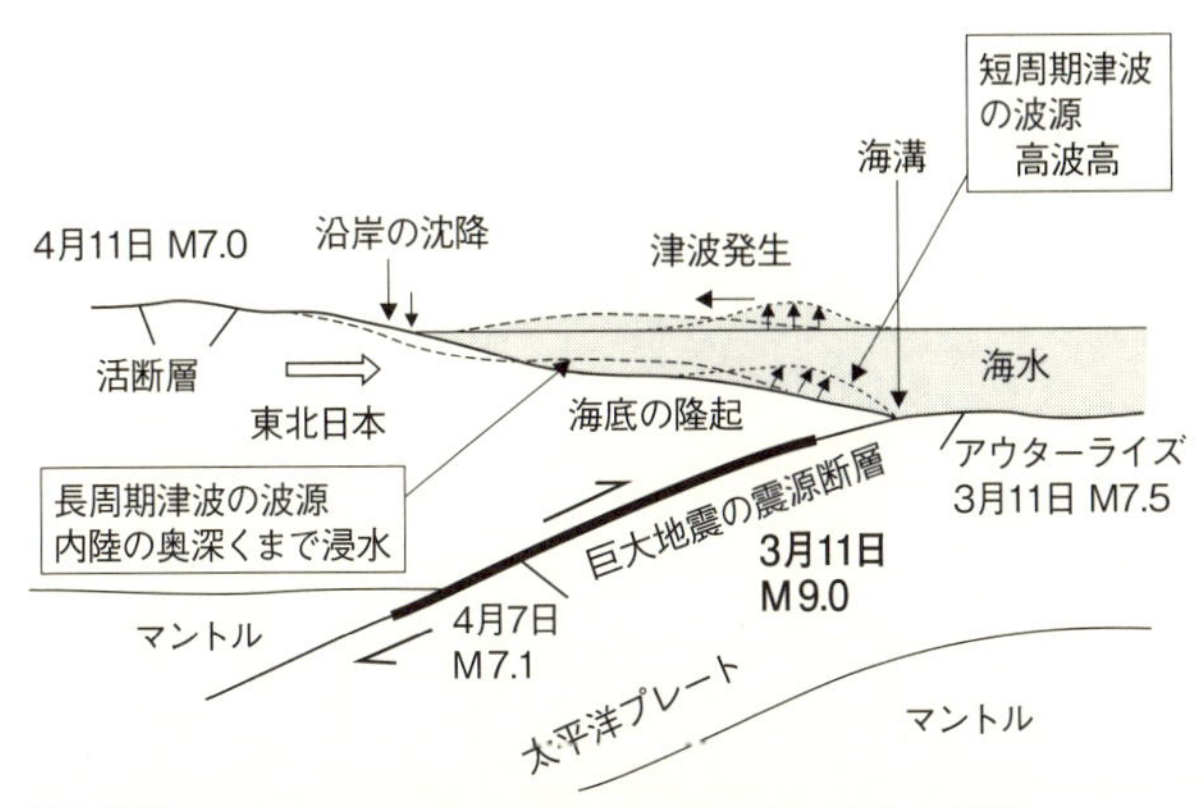

図1.10　**超巨大地震の震源断層と長周期津波発生の関係**

せん。海底が地殻変動で広い範囲にわたって一瞬に隆起したり、沈降したりすることで、その上の海水が一斉に動かされて発生するのです。動く海底の面積が広いほど、長波長の津波が発生します。

海底の地殻変動は、地震を起こしたプレート境界断層の動きで引き起こされます。3・11のM9地震の震源断層は、規模（マグニチュード）が大きかったので広範囲にわたりました。震源断層は500キロメートルもの長さになりましたが、それだけでなく、深さ方向にも大きく広がり、その距離は200キロメートルにもおよびました。

大陸プレートの下に海洋プレートが沈み込むプレート境界面（断層面）は長大で、プレート沈み込みが始まる海溝から内陸側へと深くなりながら広がっています。そのため地殻変動のエリアが陸側に近いところまで広がり、その結果、長周期の津波が発生したのです

（図1・10）。

海水準変化による海岸線の変化

ここまでは、地殻内部で引き起こされる内的営力について解説してきました。最後に、気候変動などによる外的営力について見てみましょう。

地質年代で、260万年前から現在にいたる時代を第四紀と呼びます。日本列島の地形形成に最も大きな影響を与えた外的営力は、この第四紀における海水準の変化です。この海水準の変化は、北半球の大陸上に形成された大陸氷床（氷河）の拡大・縮小が原因で引き起こされたもので、氷河性海水準変動と呼ばれています。

地球史の中で最も新しい地質時代である第四紀は、温暖だった中生代以降、地球が徐々に寒冷化していく中で、北半球に氷床ができ始めた時期という特徴があります。氷床は陸地に降った雪が夏に解けずに万年雪になり、それが毎年どんどん積もって氷になったものです。現在でも、南極大陸やグリーンランドには、最大で厚さ3000メートル以上の氷床が存在しています。

第四紀の前半は、北半球の大陸氷床は小規模で、およそ4万年程度の周期で解けたり発達したりを繰り返していました。ところが、100万年前頃に「気候のジャンプ」と呼ばれるエポックがあり、それ以降、氷床の発達は大規模になりました。氷床の拡大・縮小の周期は約10万年に延

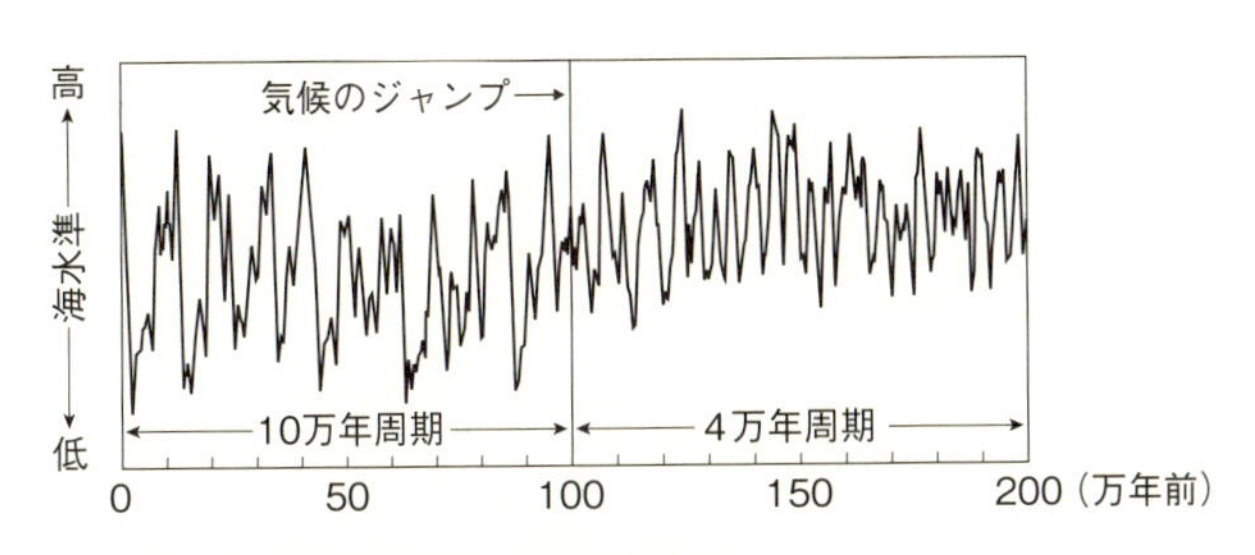

図1.11　**200万年間の海水準変化曲線**
100万年前を境に氷期・間氷期の間隔が変化する（Shackleton1995原図，米倉ほか編『日本の地形1　総説』東京大学出版会より改変）

び、また同時に、寒暖の振幅も大きくなりました。明瞭な氷期・間氷期のサイクルができあがったのです（図1・11）。

気候のジャンプの原因はまだ定まっていませんが、上昇を続けるヒマラヤ山脈の高度があるとき閾値（いきち）を超え、北半球の大気の大循環に影響を与えるようになり、その結果、特定の地域に大規模な氷床が形成されるようになったとする考えもあります。

氷期には、海から蒸発した水蒸気が大陸に雪として積もり、その一部は夏の間も解けずに大陸上に残り、万年雪を経て氷床へと発達していきます。蒸発した水が海に戻ってこないので、海水の量が徐々に減り、海水準（海面の高さ）は低下していきます。

今から2万年前には、7万年前から始まった最終氷期（ヴュルム氷期）の最盛期（最寒冷期）を迎えました。このとき、北米大陸や北ヨーロッパにはローレンタイド氷床、スカンジナビア氷床と呼ばれる大規模な氷床が発達し、２０００メートル以上の厚さでこれらの地域を覆いました。グリーンランドの氷床も現在より広がっていました。

その結果、世界中の海水準は現在より１２０メートルほども低くなったと考えられています。海水準が下がって海岸線が沖に後退したため、今まで水を被っていた沿岸地域は干上がり、陸地が広がることになりました。

日本列島では、海水準の低下によって東京湾や大阪湾、瀬戸内海などは干上がって陸地になりました。東京湾では、干上がった元の海底を利根川の延長である古東京川が流れ、新しい沿岸地域では、低下した海面に高さを合わせて河川が深い谷を掘り込みました。また、日本列島の周囲には、低下した海面にあわせて広い海岸平野が形成されました。この海岸平野は、海水準が高くなった現在では海面下に没し、大陸棚と呼ばれる水深１００メートルほどの海底の平坦地になっています。

氷期には温帯地域でも気温が低下しました。最盛期には、現在より平均気温で5℃ほど低下し、東京付近は現在の札幌と同じような気温になりました。気温の低下は植生に影響し、高山で樹木が生育できなくなる森林限界の高さも、現在よりも１０００メートルほど低下しました（図1・12）。その結果、中部山岳では森林限界は標高２０００メートル以下まで下がったと推定されます。

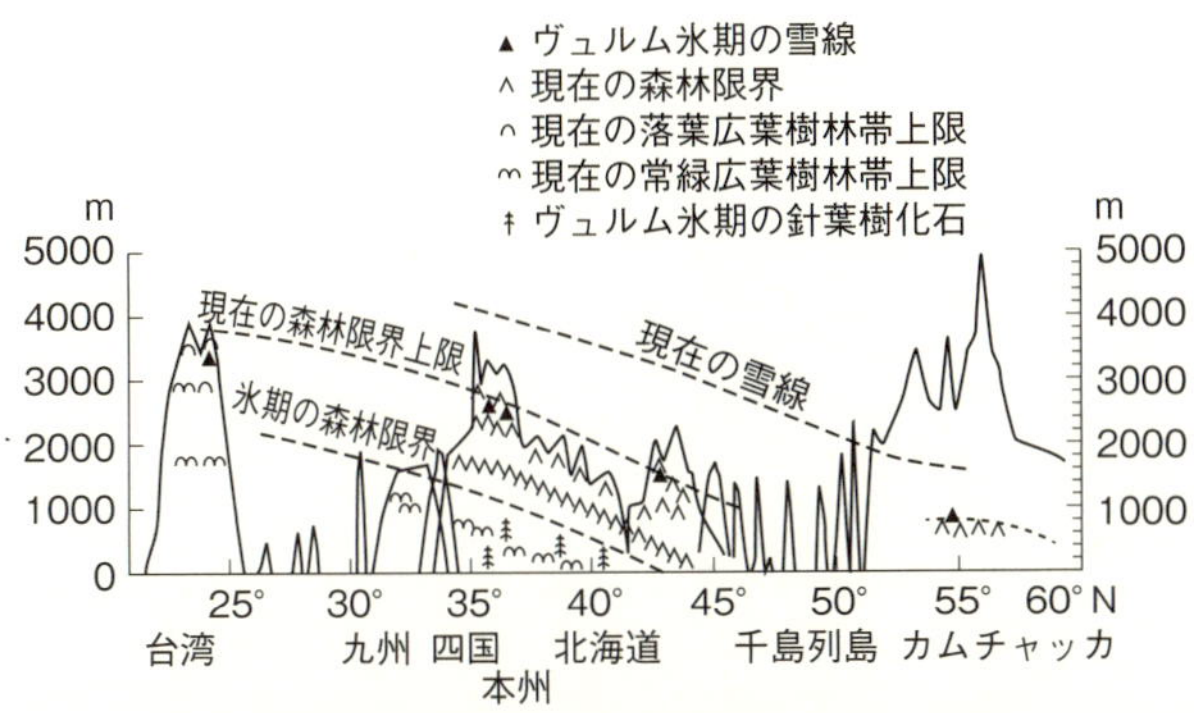

図1.12　日本列島の現在と氷期の森林限界など、植生分布の比較
（貝塚1969原図,貝塚爽平『発達史地形学』東京大学出版会より改変）

植生は根を張って土地の侵食を防ぎますが、植生がなくなると岩盤がむき出しになり、侵食によって山が崩れやすくなります。そのため氷期には河川の上流部で崩壊が多くなり、礫（れき）（岩などが砕け、砂よりも大きな粒や塊となったもの）が大量に作られました。しかし、氷期には夏のモンスーン（季節風）も弱まるので雨量は減り、河川が物質を下流へと運ぶ力も低下します。そのため、礫は下流にはあまり運ばれず、上流域では谷を埋めて河床の高度を上げ、平野の出口では大きな扇状地を作ります。

下流部では、海水準の低下で川底が深く刻まれているので、結果として氷期の河川の勾配は、間氷期のそれよりずっと急勾配になりました。

約１万年前に氷期が終わると、大陸の氷床は解け出し、海水準は急速に上昇しました。家の冷凍庫でも氷を作るのには時間がかかりますが、解けるときは速い

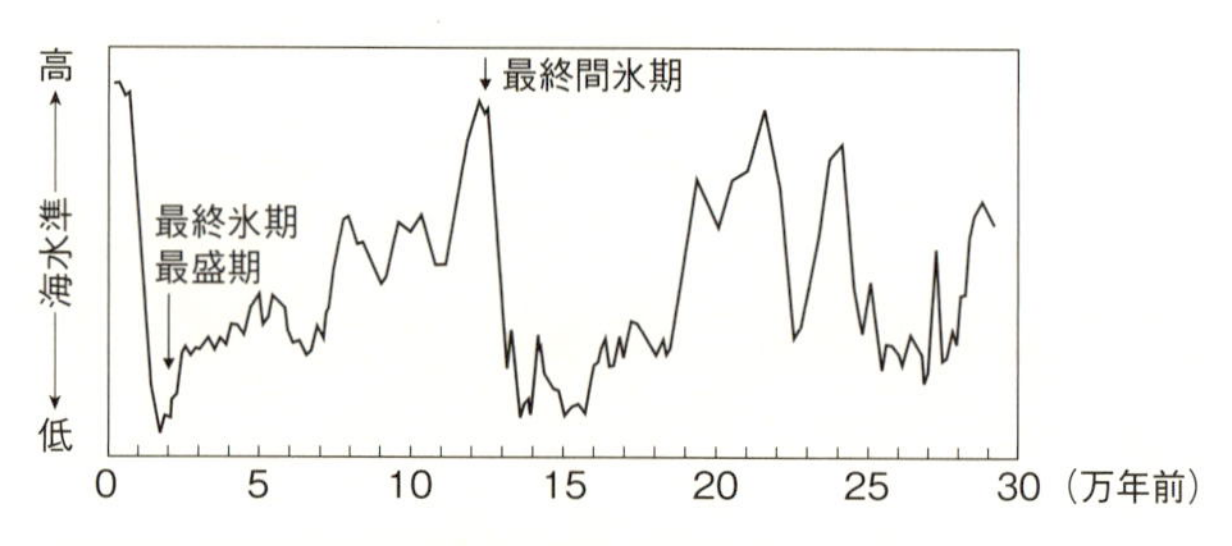

図1.13 **30万年間の海水準変化曲線**（Martinsonほか1987原図，米倉ほか編『日本の地形1　総説』東京大学出版会より改変）
ノコギリの刃のような変化パターンを示す

ですよね。大陸氷床も同じなのです。そのため、図1・11、図1・13のように、長期にわたる海水準変化曲線はノコギリの刃のような非対称のパターンが繰り返されています。

急速な海面上昇によって氷期に作られた大きな谷の中には、洪水などで上流から運ばれた新しい地層（沖積層(ちゅうせき)という）が厚く堆積し、平野が作られました。気温は上昇し、モンスーンによる降雨も増加するので、谷の上流部では、河川が氷期に埋めた厚い堆積物を削り、峡谷を作るようになります。下流域では、沖積層が谷を埋めているので、河床勾配は緩やかになります。河床勾配は氷期と間氷期でシーソーのように変化し、これによっていろいろな段丘が形成されます（図1・14）。

このように、日本列島の地形はプレート運動に基づく内的営力の上に、外的営力である氷河性海水準変化の影響を受け、さまざまな堆積作用や侵食作用が働いて形成されて

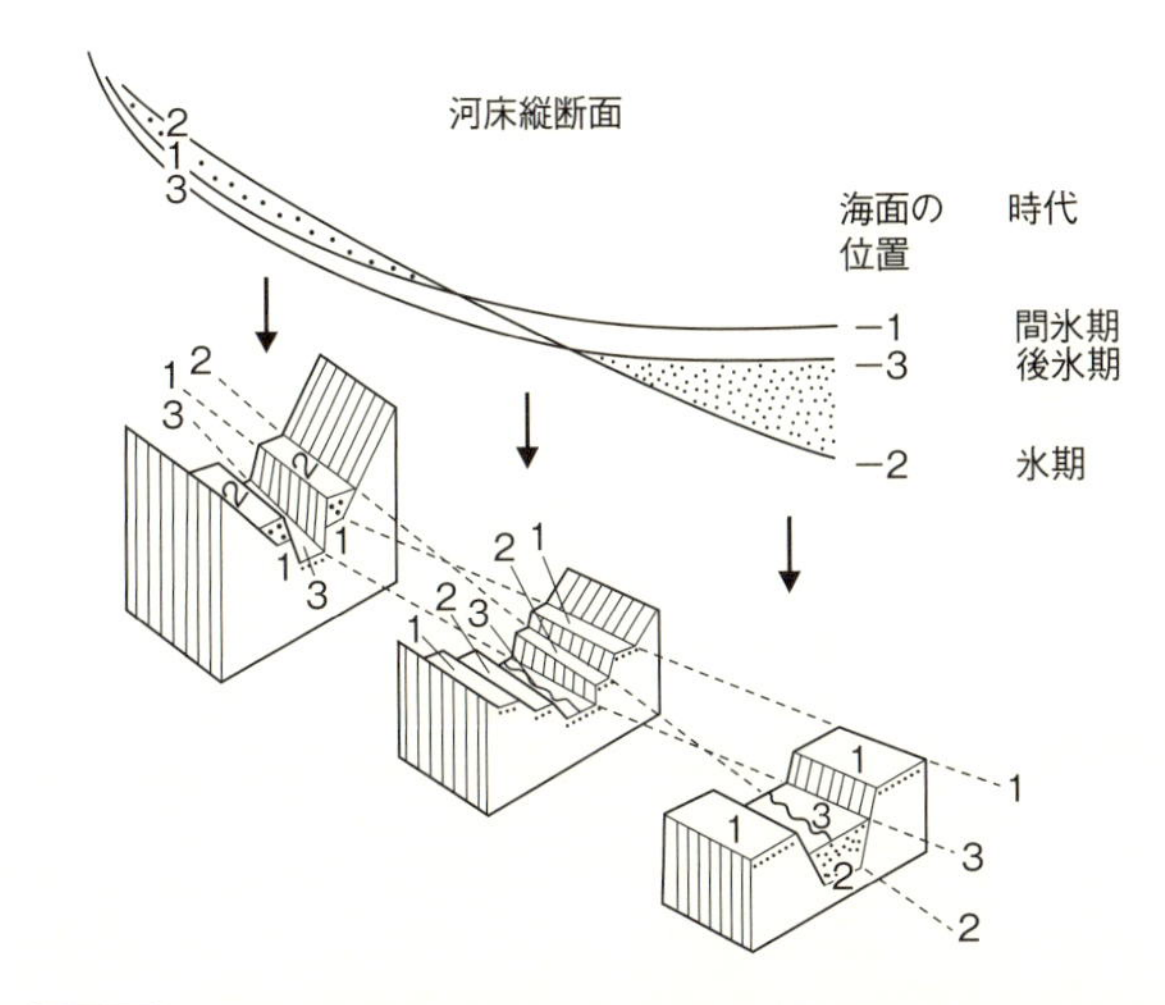

図1.14　氷期・間氷期間の河川（河床）勾配の変化と段丘形成
（貝塚1977原図，貝塚爽平『発達史地形学』東京大学出版会より）

きたのです。以降の章では、日本列島の各地に見られる地形の形成過程や形成史について紹介していきましょう。

第2章

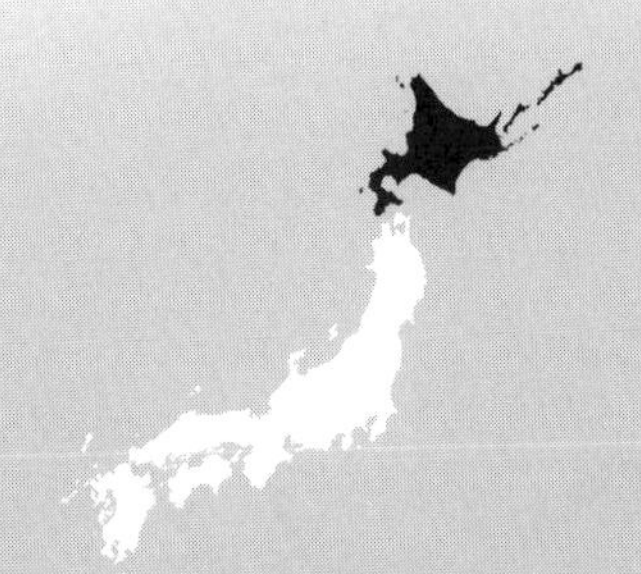

北海道

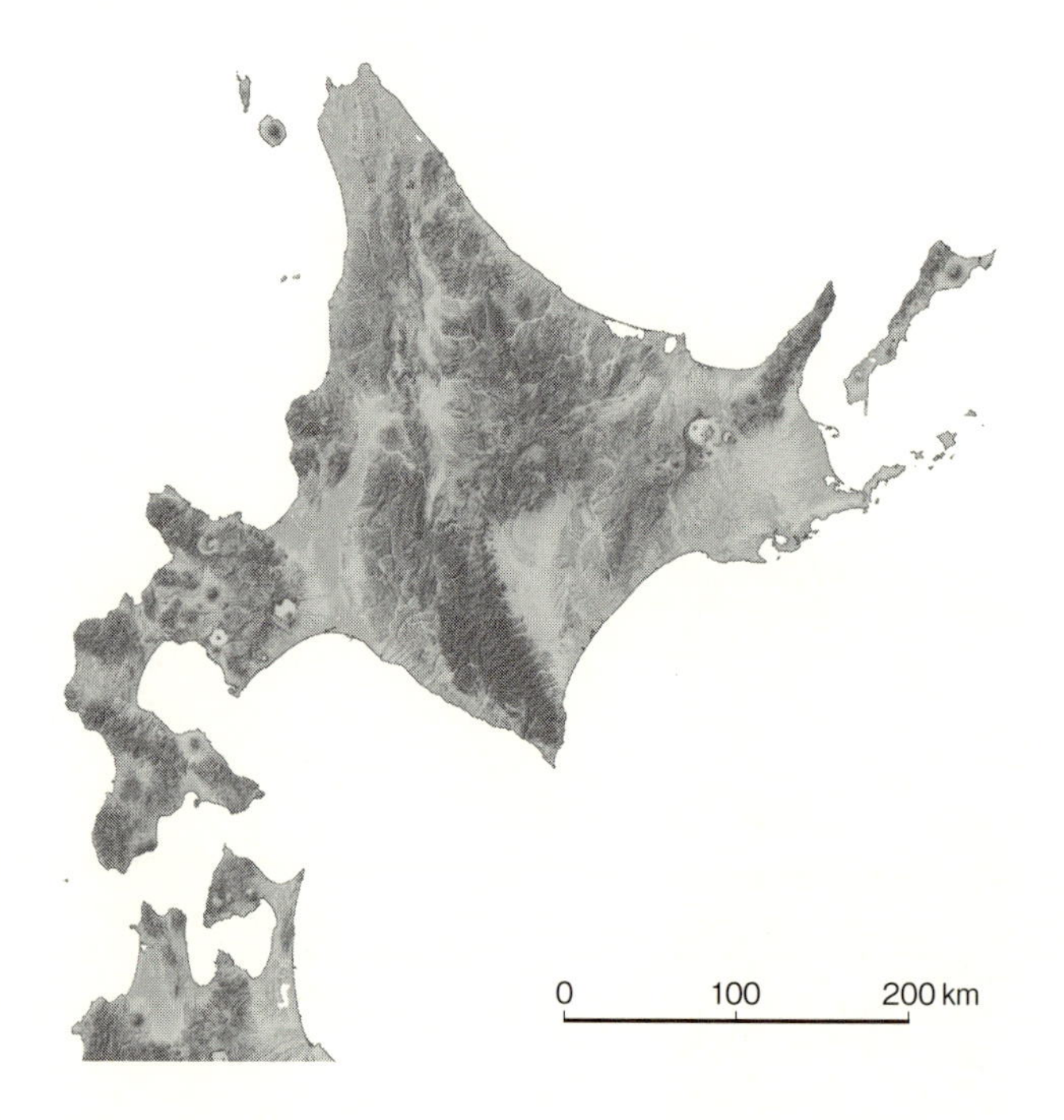

map data : SRTM 90m Digital Elevation Database v4.1

2◆1 大雪山と氷河期

大雪山のお花畑とナキウサギ

大雪山（たいせつざん）は、北海道の中央部にある２０００メートル級の山々の総称で、黒岳や北海道の最高峰旭岳（２２９１メートル）などが含まれます（図２・１・１）。旭山動物園で有名な旭川を出発して、石狩川上流の層雲峡（そううんきょう）からロープウェイで中腹まで登ることができます。

層雲峡の切り立った崖は石狩川が削ったものですが、崖を作る岩石は火砕流が冷えて固まった溶結凝灰岩で、柱状節理（ちゅうじょうせつり）がよく見えます（写真２・１・１）。柱状節理とは、高温の溶岩や火砕流堆積物が冷えて固まるときに収縮することでできる割れ目で、六角柱状の岩石が密集して立ち並んでいるような様相をしています。

層雲峡を作った火砕流は、約3万年前に大雪山のお鉢平付近の大噴火で流れ出したものです。大雪山の西側、層雲峡と反対側の旭岳温泉から旭岳ロープウェイに乗ると、中腹の地獄谷の噴気が見え、現在も活動していることが分かります。大雪山は火山活動の繰り返しでできた山なのです。

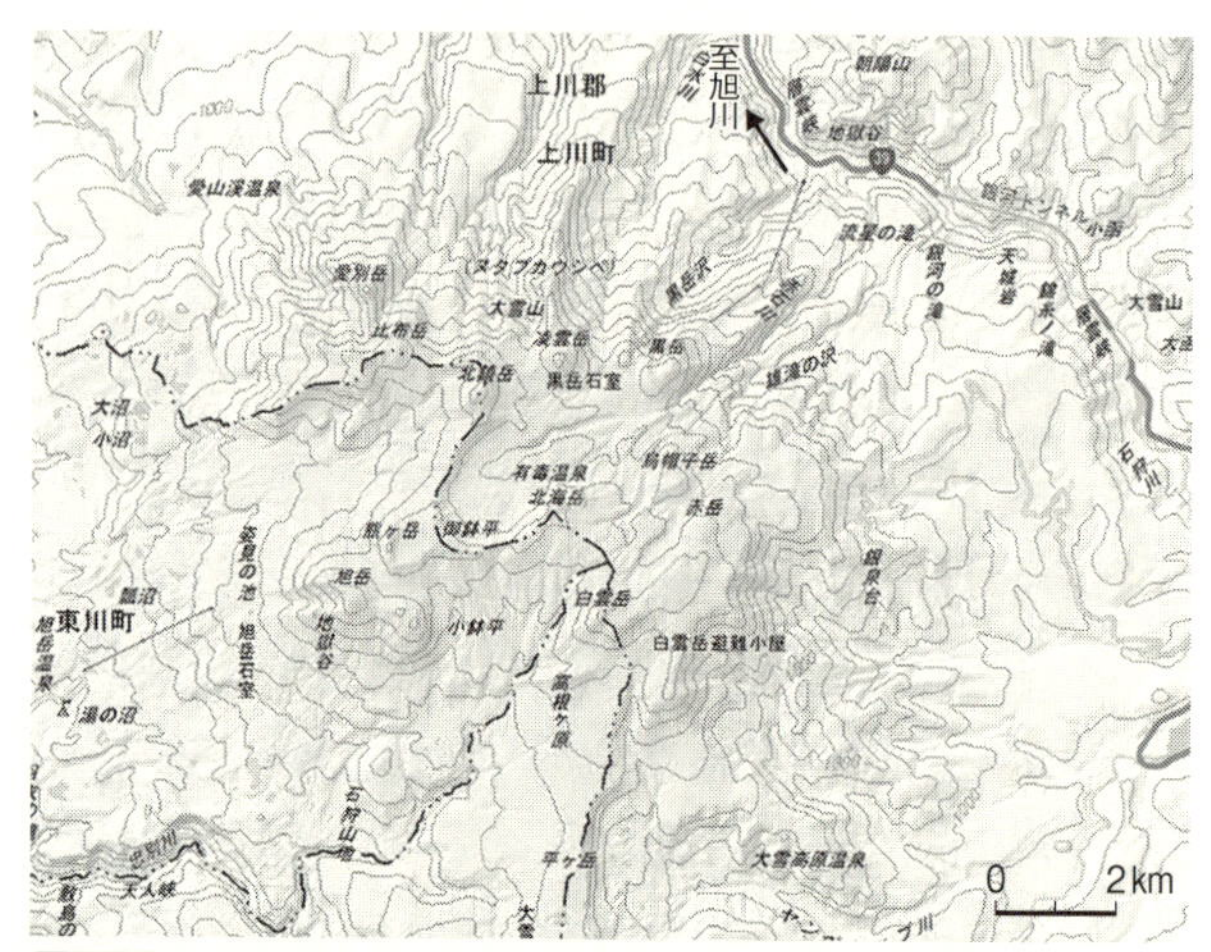

図2.1.1 大雪山周辺の地図（国土地理院「地理院地図」より）

写真2.1.1 層雲峡の柱状節理（撮影・久保純子）

北海道の先住民族であるアイヌの人々は、大雪山を「ヌタプカウシュペ（川がめぐる上の山）」や「カムイミンタラ（神々の遊ぶ庭）」と呼んだそうです。層雲峡からロープウェイとリフトに乗って黒岳7合目まで行き、少し登るとあたりは高い木がなくなって、ハイマツとお花畑の高山帯が広がります。旭岳ロープウェイの終点の姿見付近でも同様の植生が見られます。

ハイマツは、葉の針が5本の五葉松の仲間で、地面近くで枝を広げあまり高くなりませんが、黒岳付近では人の背よりも高くなるところもあります。ハイマツのほかには、ツツジやナナカマドのような低木と、ユリやキクの仲間のような草本植物が見られます。これらは、雪解け後の短い夏に急いで花を咲かせて種をつけます。

高山帯のお花畑は、大雪山や日高山脈の上部に見られます。日高山脈は険しくて山の稜線部が狭いのですが、大雪山は火山性の高原が広がり、一面のお花畑になります。

このような高山帯の中の岩がごろごろした場所で、「ピチッ」という鳥のような鳴き声が聞こえたら、それはナキウサギ（エゾナキウサギ）です。体長20センチメートル弱の耳の丸い茶色いウサギで、見た目は大きなハムスターのようですが、前足で物を持たないので、れっきとしたウサギです。鳴き声は高く、鳴くときは耳が頭にくっつきます。運がよければ岩の上でじっとしているところが見られるでしょう（写真２・１・２）。

ナキウサギの仲間はシベリアやチベット高原、北米のロッキー山脈にもいて、アメリカでは

写真2.1.2 大雪山のナキウサギ（提供・清水長正氏）

「パイカ」と呼ばれています。日本列島では北海道にしかいません。大雪山以外では、日高山脈、夕張山地、北見山地などに見られ、環境の変化によっては絶滅が危惧される可能性があるとして、環境省が準絶滅危惧種に定めています。

氷河時代の生き残り

ナキウサギは「氷河時代の生き残り」と呼ばれています。ユーラシア大陸や北アメリカの寒い地方にしかいないので、もともとは高緯度地方に棲んでいたと考えられます。氷河時代の中でより寒冷な氷期に、北海道など南のほうに分布を広げて棲むようになったのが、氷期の終了とともに暖かくなると、涼しい高山に避難したまま取り残されてしまったといわれています。ナキウサギは、氷期にシベリアから渡ってきた新参者のようです。

氷期に北海道に生息していて、その後の温暖な時代を生き残れなかった動物もいます。北海道どころか、地球上から絶滅してしまったマンモスです。マンモスの歯の化石は夕張や襟裳（えりも）、根室海峡などで発見されていますが、本州以南では見つかっていません。シベリアでは氷漬けになったマンモスも発見されています。ナキウサギは高山帯で生活できましたが、マンモスは山に避難できなかったのでしょう。

絶滅してしまったもう一種類のゾウであるナウマンゾウの化石は、北海道以外でも日本各地で見つかっています。北海道では十勝の幕別町忠類（ちゅうるい）でナウマンゾウほぼ１頭分の化石が発掘されました。

ナウマンゾウの名前は、明治の初めにドイツから招かれた地質学者Ｅ・ナウマンの名前から付けられました。彼は本州中部の「フォッサマグナ」という大地溝帯の名付け親でもあります。

最近の研究では、マンモスの化石の年代は約４万５０００年前〜３万５０００年前頃と約２万年前頃の氷期で、北海道のナウマンゾウは12万年前の温暖な間氷期のほか、４万５０００年前頃のものも確認され、マンモスとナウマンゾウが共存していたことが分かりました。

ナキウサギもマンモスも海を泳ぐのは得意ではなさそうなので、氷期に大陸から北海道にやってくるには、陸続きのところを通る必要があります。このような場所を「陸橋」と呼びます。陸橋は、氷河時代に海面が低下して陸地となった部分です。

北海道は、氷期にユーラシア大陸とサハリン経由でつながっていました。サハリンと大陸との間には、江戸時代に間宮林蔵（まみやりんぞう）が探検した間宮海峡があります。林蔵は北海道や樺太（からふと）（サハリン）を探検し、1809年に樺太が島であることを確認しました。その後、伊能忠敬（いのうただたか）に弟子入りして北海道の地図も作りました。

その間宮海峡の最深部の水深は20メートル、サハリンと北海道の間の宗谷海峡の最深部は50メートル程度です。約2万年前の最終氷期には海水準が約120メートル下がったので、間宮海峡も宗谷海峡も完全に陸化し、大陸と北海道はつながりました。

一方、北海道と本州の間の津軽海峡は深さが140メートルほどあり、完全に陸化はしなかったようです。なお海峡の最深部には海釜（かいふ）と呼ばれるえぐれた地形があります。これは、狭いところを流れる潮流が海底を削ることでできます。

マンモスやナキウサギは津軽海峡を渡れなかったのに、ナウマンゾウはなぜ渡れたのでしょうか。海釜ができる前に渡ったのでしょうか。

本州と異なる動植物

マンモスやナキウサギのほかにも、北海道にはいて本州にいない動物に、ヒグマ、キタキツネ、エゾシカ、シマリス、シマフクロウなどがいます。逆に、本州にはいて北海道にいない動物

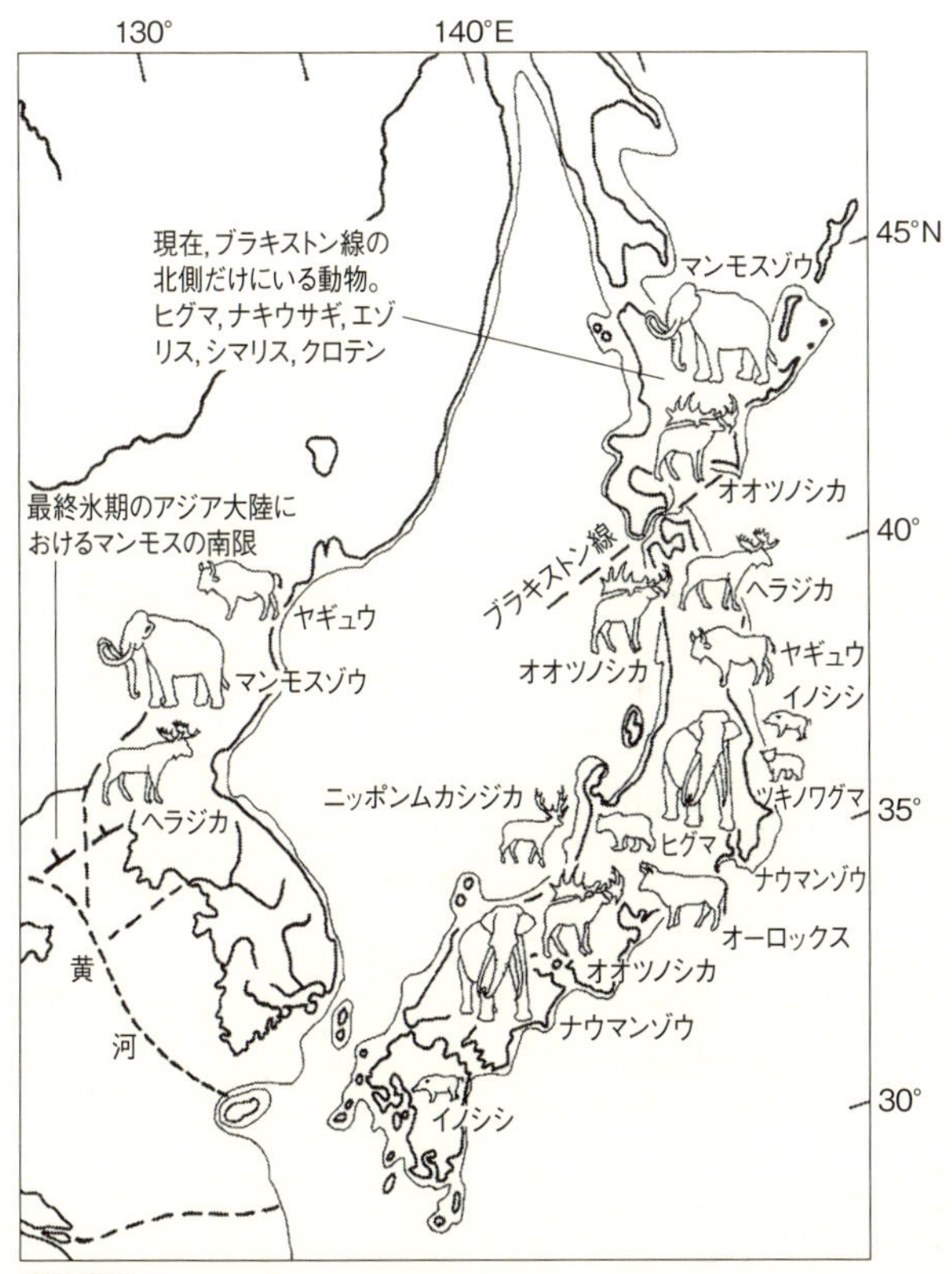

図2.1.2 **氷期の地形とブラキストン線**（小疇ほか編『日本の地形2　北海道』東京大学出版会より）

は、イノシシ、ツキノワグマ、ニホンザルなどです。このように、津軽海峡を境界にして動物の分布は大きく異なります。この境界は「ブラキストン線」と呼ばれています（図2・1・2）。

植物の分布も本州と北海道では異なります。常緑の広葉樹である照葉樹は北海道には分布しませんし、針葉樹のエゾマツやトドマツは本州では見られません。

本州の高山で見られる針葉樹はシラビソ、オオシラビソ、コメツガ、トウヒなどで、北海道ではエゾマツ、アカエゾマツとトドマツです。一方、ハイマツやダケカンバなどのように北海道と本州どちらにも分布する植物もあります。

マンモスと同じように北海道から姿を消した植物もあります。グイマツという種類の針葉樹です。グイマツは、現在はサハリンの北部に行かないと見られませんが、最終氷期には北海道や本州まで分布を広げていました。

一方、世界自然遺産の白神山地など東北の山に特徴的なブナの森は、北海道の渡島(おしま)半島まで見られます。氷期が終わって暖かくなると、ブナの分布は北上し津軽海峡を越えたと考えられます。近年の温暖化で、さらに北上のスピードを上げているようです。

寒冷地に特有な地形

本州以南とは異なる気候の特性を反映して、北海道には寒冷地に特有の地形が発達すると考え

られます。

北海道では、冬に土壌が凍結して土壌中の水分が凍って氷の層ができ、それによって地表面が持ち上げられる「凍上現象」が発生します。このため道路がでこぼこになったり、地下の水道管が壊れたり、家の下だけ土壌の氷が解けて基礎が傾いたりすることがあります。雪はむしろ保温の役割をするため、凍上は雪が厚く積もる場合は起こりにくく、積雪が少なく冬の気温が非常に低い地方で問題となります。低温の環境が続くと土壌の深くまで凍結し、コンクリートのように固くなります。このような状態では植物の生育は難しく、地表は裸地が広がります。

また、土壌の凍結が進むと、土の収縮で地表に凍結割れ目と呼ばれるひび割れができ、平面的には割れ目が多角形の形を示す場合があります。夏の間に地表の部分の氷が解けて水と表土が混じり、地表に勾配があると低い方へ流動し、割れ目の間を満たします。

その結果、多角形の形に土砂が集まって地表に網目模様ができることがあります。大雪山の高山帯ではこのような網目模様のほか、礫が集まって作られた縞模様や、小さな階段状の地形などもたくさん見られます。いずれも、このような表土の凍結と融解の繰り返しによって形成されたものです。砂礫が多角形や縞模様を示すため、構造土と呼ばれます（図２・１・３）。規模は小さいのですが、このような現象は「周氷河現象」と呼ばれます。もとはヨーロッパ北部の、大陸氷床に覆われなかった氷床周辺地域で見られたために付けられた名称です。

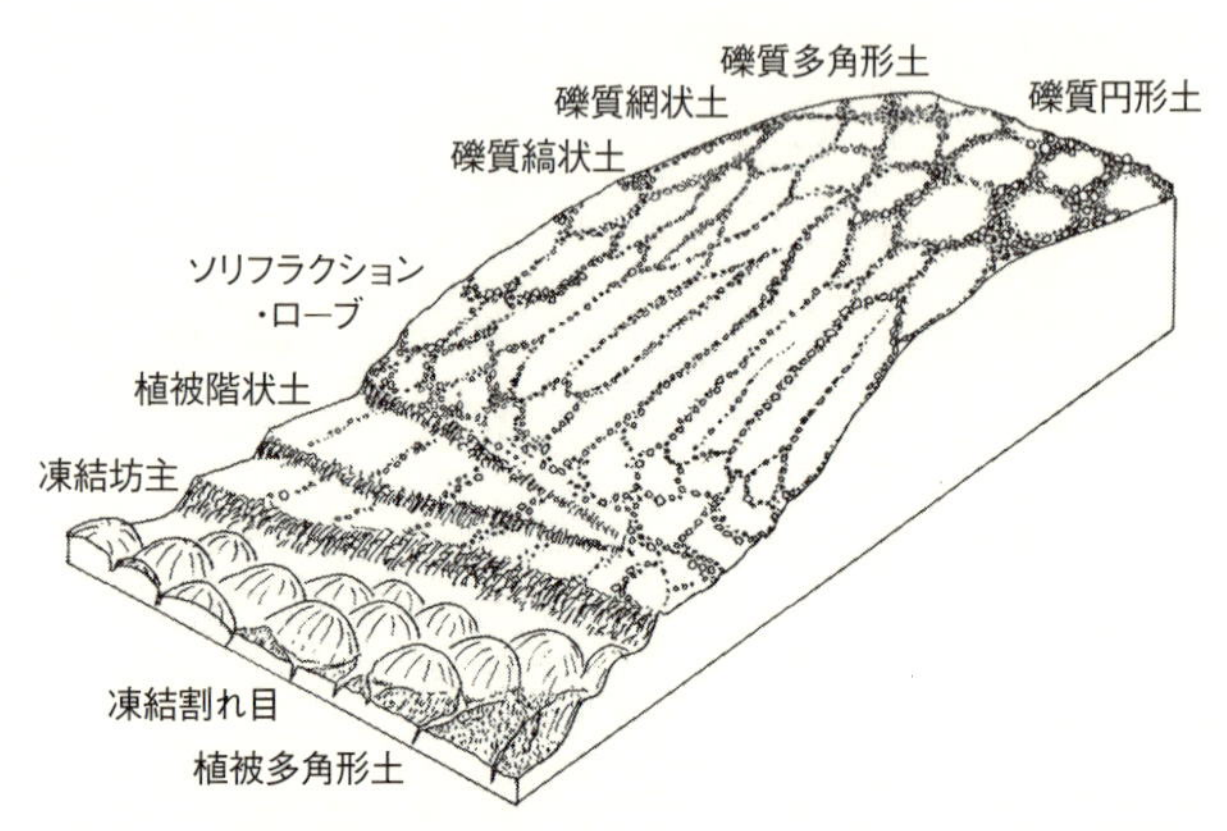

図2.1.3 **構造土のいろいろ**（小疇尚『大地にみえる奇妙な模様』岩波書店より）

また、斜面の向きが北向きの場合と南向きの場合を比べると、南向き斜面のほうが日射で凍土の融解が進みやすくなります。このため、南向き斜面では、北向き斜面に比べて凍結融解作用が強く働いて、なだらかな斜面になると考えられます。大雪山の山頂部には、このような南向きがなだらかになった非対称な谷が見られます。

大雪山山頂部では、夏の間地表面近くは氷が解けますが、現在も地下の部分が一年中凍結したままの「永久凍土」が見つかっています。永久凍土は氷期に形成され、現在も解けずに残っているものです。

北海道東部の根釧（こんせん）台地でも、東西に流れる谷でこのような南北の斜面が非対称なものが多く見られます。標高の低い根釧台地では、氷期の間に非対称の谷の形成が進んだと考えられています。

ほかにも、氷期に土壌の割れ目に氷が発達した跡を示す「化石氷楔（ひょうせつ）」や、斜面の凍結融解で火山灰層などが乱れた跡である「インボリューション」が北海道でいくつか見つかっています。

土壌以外でも、岩の割れ目などに溜まった水が凍ると体積が約１割増えるため、割れ目を広げてゆき、岩石を物理的に破壊することもあります。地表近くの水分の凍結と融解が繰り返されることによって、岩石が砕かれ、斜面下方へ移動して斜面が次第になだらかになると考えられます。北海道北端の宗谷岬周辺に広がる丘陵地帯も、このような作用でなだらかになった「周氷河性波状地」ではないかと考えられています。

2◆2 石狩平野と泥炭地

石狩川の蛇行

石狩川は北海道最大の川です。大雪山系に発し、層雲峡をうがって旭川のある上川(かみかわ)盆地を下り、神居古潭(かむいこたん)の狭窄部(きょうさく)を過ぎると深川市で石狩平野に出ます。トンネルで通過してしまうため函館本線からは見えませんが、国道12号線を通ると、石狩川が神居古潭のところで幅の狭い谷を流れている様子が分かります。ここから河口までは約150キロメートルあります。

河川改修をする以前の石狩川は曲がりくねって流れていたため、ここから河口まで250キロメートルもありました。石狩川の全長は現在約270キロメートルとされているので(川の長さは測り方で大きく変わるので厳密に決められませんが)、源流から神居古潭までが約120キロメートルになります。これを足すと、河川改修前の石狩川は、日本最長の信濃川(367キロメートル)と同じくらいの長さだったということになります(図2・2・1)。

勾配の小さな平野で河川が曲がりくねって流れることを「蛇行(だこう)」や「曲流」といいます。一

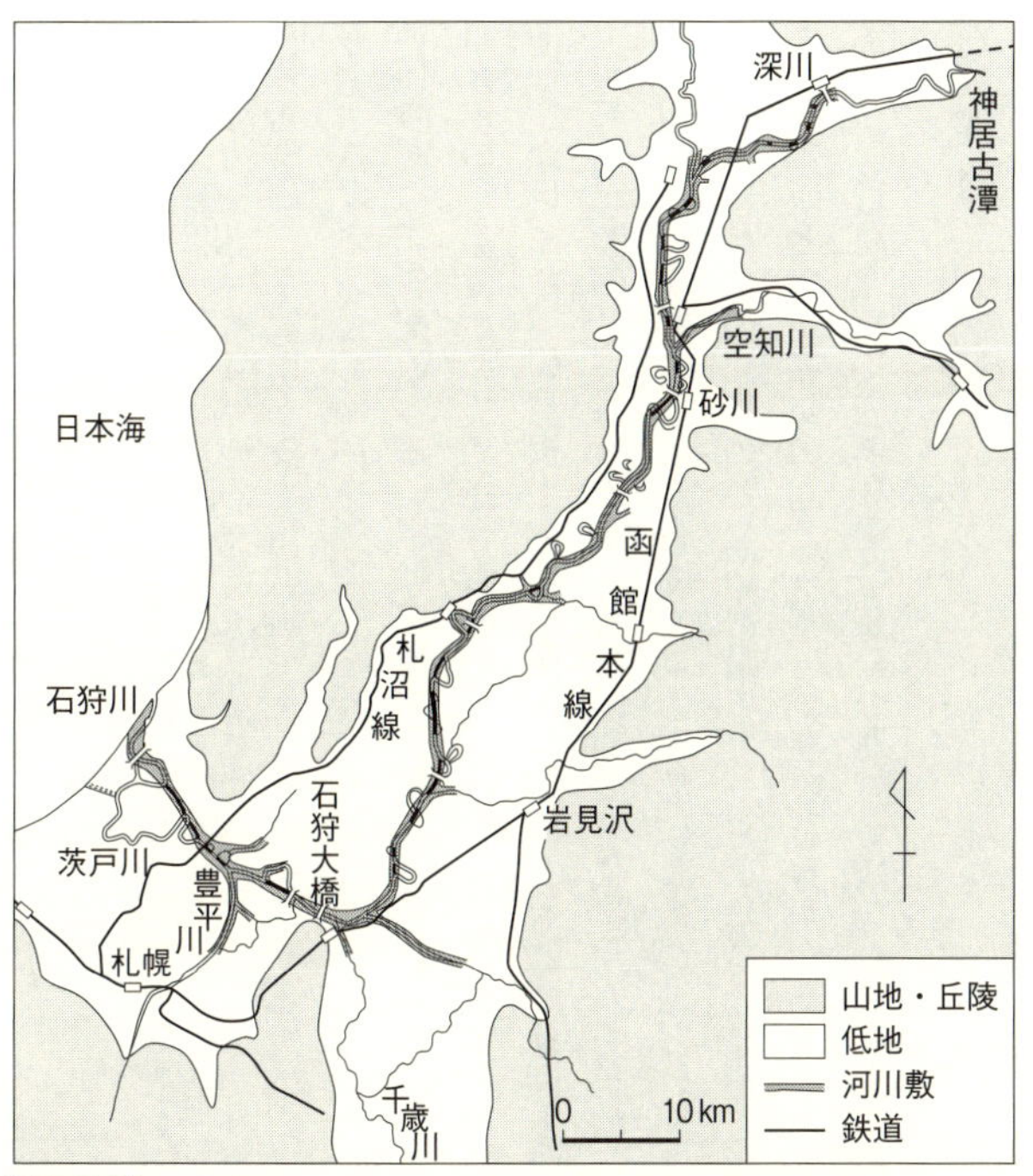

図2.2.1 **石狩平野**（大矢雅彦『河川地理学』古今書院より改変）

方、勾配が大きかったり土砂を大量に流したりするような河川は、たくさんの中州の間を水が分かれて網目のように流れる「網状流路」という形態をとります。山から大量の土砂を運んでくる河川は、一般的に平野に出たところに土砂を堆積させて「扇状地」という地形を作ります。網状流路は扇状地を流れる川の特色なのです。

しかし石狩川の場合は、上流にある上川盆地で土砂を堆積させるため、神居古潭の狭窄部の先の平野に扇状地を形成するほどの土砂を運搬してきません。このため、石狩川は深川付近から下流まで扇状地は作らずに、勾配のゆるい平野を延々と蛇行を繰り返しながら流れていました。

その結果、石狩川の下流はかつての蛇行の跡が三日月湖として数多く残っています。深川の下流の砂川から浦臼にかけてや、岩見沢から新篠津村にかけてなど、地図上でいくつも見つけることができます。石狩川の改修は、おもに大正から昭和の時代に治水を目的として行われました。

新篠津村は石狩川右岸に広がる水田地帯です。中央部にしのつ湖という湖があり、道の駅や温泉があります。ここは石狩川の蛇行の跡（旧河道）で、もとは袋達布沼と呼んでいました。さしわたし1キロメートルほどで、堤防の向こう側に現在の石狩川があります。蛇行部分をショートカットした結果、三日月湖として袋達布沼（しのつ湖）が残ったのです。

篠津の泥炭地

しのつ湖の北側に新篠津村の中心市街地があり、村役場、消防署、郵便局などがあります。道路の両側に建物が並んでいますが、道路と建物の間の地面はかなり勾配があるスロープになっており、入口に階段が作られているところもあります。あたりは一面の水田地帯の平地なのに、なぜ道路と建物の間に勾配があるのでしょうか。

ほかにもコンクリート造りの水田の用水路が、土手のように道路よりもずいぶん高いところにあったり、篠津運河を渡るところで道路が太鼓橋のように盛り上がった形になっていたりしています。

この理由は、地盤沈下で道路面が低くなる一方で、建物は基礎があるので沈下せずに相対的に高くなってしまったためなのです。軟弱な地盤のところに建物を作ると、このような「抜け上がり」が見られることがあります。

新篠津村は昔、篠津原野と呼ばれ、「泥炭地（でいたんち）」が広がっていました。泥炭は湿地で植物が枯れた後に分解されずに繊維の状態で堆積したもので、スポンジのように軟らかく水を含んでいます。泥炭地はそのままでは農地として使いにくいため、排水路の整備と他の土地からの土壌を持ち込む客土で大規模な造成を行った結果、現在のような一面の水田地帯に姿を変えました。

篠津運河は篠津原野開拓のための排水路です。排水がよくなったり、上に客土が行われたりすることによって、スポンジのような泥炭が収縮して地盤沈下が起きたのです。

篠津原野のかつての姿を物語るものとして、現在も泥炭を採掘している場所があります。ここでは、厚さ1メートル以上の泥炭層の断面を見ることができます（写真2・2・1）。主に園芸用の土として販売しているとのことですが、泥炭は乾燥させると燃料にもなり、スコッチウイスキーの香りづけにも用いられています。札幌近郊の余市にニッカウヰスキー工場があり、現在も北海道の泥炭を使っているそうです。

泥炭の形成

篠津原野は石狩川の後背湿地にあたります（図2・2・2）。石狩川の運ぶ土砂は少ないのですが、洪水時などに川沿いにわずかに土砂が堆積して、「自然堤防」という微高地を作ります。それに対し、川から離れると土砂は堆積せずに水が溜まる低い土地が広がります。これを後背湿地と呼びます。

後背湿地でははじめはヨシなどが主の、水面下に作られる低層湿原が形成されますが、次第に泥炭が堆積していくと、水面より高い位置にミズゴケなどの作る高層湿原の泥炭が堆積するようになりました。もとは川沿いの自然堤防よりも低かった後背湿地が、泥炭の堆積によりレンズ状に盛り上がった湿原になっていたので、地形が逆転したともいえます。

篠津原野付近における泥炭層の厚さは、最大5メートル以上といわれます。北海道の泥炭地の

写真2.2.1 **篠津泥炭地**（撮影・久保純子）

形成は、大部分が完新世（約１万年前以降）とされています。石狩平野の泥炭地の形成は、放射性炭素年代測定により、約４０００年前以降と考えられています。

また、地表から10センチメートルほどのところには、１７３９年に噴火した樽前山（たるまえさん）の火山灰が見つかります。これらのことから、泥炭層の堆積速度は１０００年あたり１～２メートル程度だと分かります。

現在は、篠津原野は農地として開発され、排水や客土により泥炭地の多くは失われました。

北海道には石狩平野以外にも、釧路湿原やサロベツ湿原など、泥炭地の湿原が各地に分布しています。また、大雪山やニセコ山地など山の上にも多くの湿原があります。釧路湿原にはヨシ原が広がり、木がまばらに分布するため、アフリカのサ

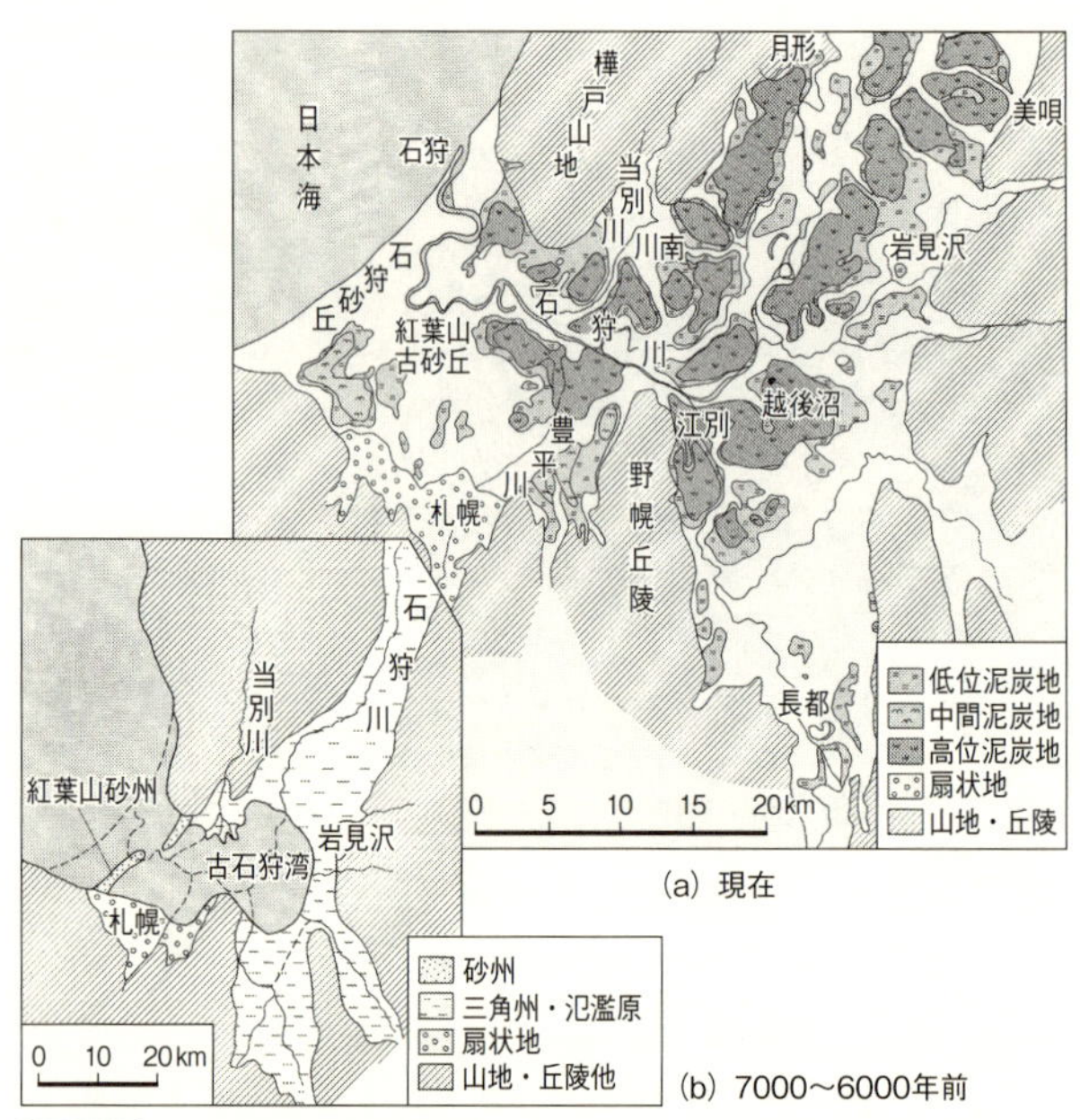

(a) 現在

(b) 7000〜6000年前

図2.2.2 **石狩平野の泥炭地**（右図はSakaguchi, Y. 1961, Jour. Fac. Science, Univ. of Tokyo, Ser. II, vol.12より改変、左図は貝塚ほか『日本の平野と海岸』岩波書店より）

バンナのような景観が広がります。石狩平野もかつてはこのような景観だったのでしょう。

 石狩川河口部と砂丘

北海道最大の河川である石狩川の河口部に行ってみましょう。日本海の海岸沿いには標高10メートル程度の石狩砂丘が伸びています。石狩川河口から1キロメートルほどの砂丘上に石狩灯台があり、「はまなすの丘公園」となっていま

写真2.2.2　**石狩川河口の風景**（撮影・久保純子）
右手に見えるのが石狩川、左奥は日本海。

す。

灯台の向かいのビジターセンター2階から、石狩川河口方向を眺めることができます（写真2・2・2）。灯台は、明治時代にかつての河口のあたりに建設されました。しかしその後、河口付近に土砂が堆積することで河口の位置が移動し、河口と灯台の距離が遠くなったようです。

日本海岸の石狩砂丘から6キロメートルほど離れた札幌市街地の北側に、紅葉山（もみじやま）という標高20メートル弱の砂丘地帯があり、その北を茨戸川（ばらとがわ）という蛇行した川が流れています。この茨戸川も昔の石狩川の跡です。現在は札幌大橋から下流側にまっすぐな人工の河道が延びています。

海岸の石狩砂丘と内陸の紅葉山砂丘の間は、

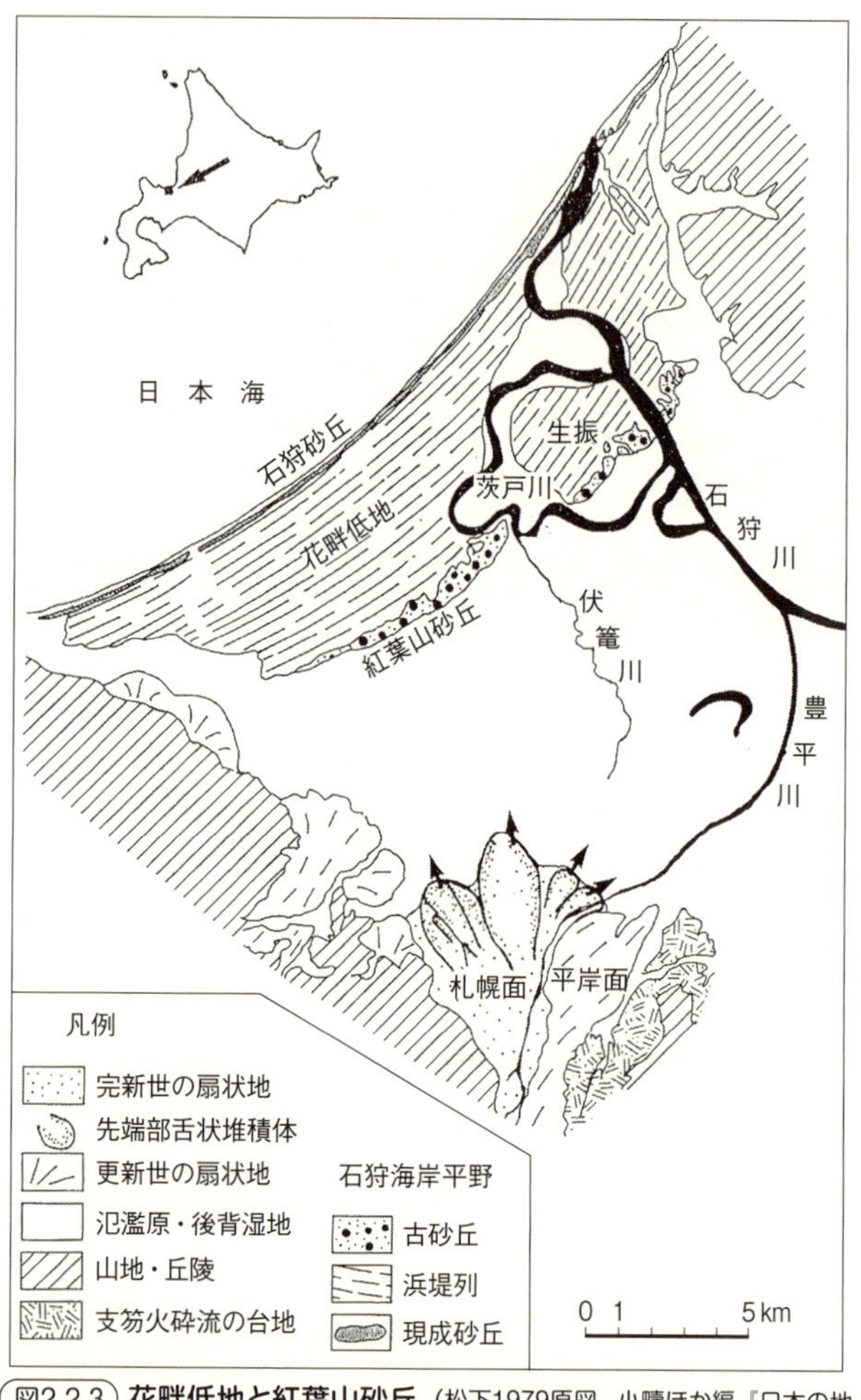

図2.2.3 **花畔低地と紅葉山砂丘**（松下1979原図，小疇ほか編『日本の地形2　北海道』東京大学出版会より改変）

花畔低地とも呼ばれ、標高は5メートル前後の砂地で細かな起伏があります。これはかつての波打ち際に作られた高まり、浜堤が何列も平行している地形です（図2・2・3）。

この砂丘と浜堤の列によって内陸側は排水が悪かったため、湿地帯になっていました。茨戸川が蛇行しながら大きく迂回して日本海に注いでいたのも、この砂丘や浜堤列があるためです。現在は、石狩新港や茨戸川と日本海を結ぶ石狩放水路などの人工的に改変された部分が見られます。

昔の石狩川

千歳空港は札幌と苫小牧の間にあり、太平洋に近いために冬の積雪が少なく、空港に適した場所といわれます。千歳空港付近はゆるやかな台地状の地形が広がり、滑走路を作るにもよい場所だったのでしょう。

空港の近くに、この台地の断面が見える露頭があります（写真2・2・3）。崖には白〜ピンク色の砂のようなさらさらの地層が見えます。近づいてみると、砂だけではなくもっと粒の大きな軽石がたくさん含まれており、火山の噴出物であることが分かります。この噴出物が一帯の平坦な地形を作っており、上のほうは火砕流で、下のほうは降下軽石として堆積したものです。

火砕流は火山の噴火により、高温のガスと火山灰や軽石、岩片などが高速で斜面を流れ下るも

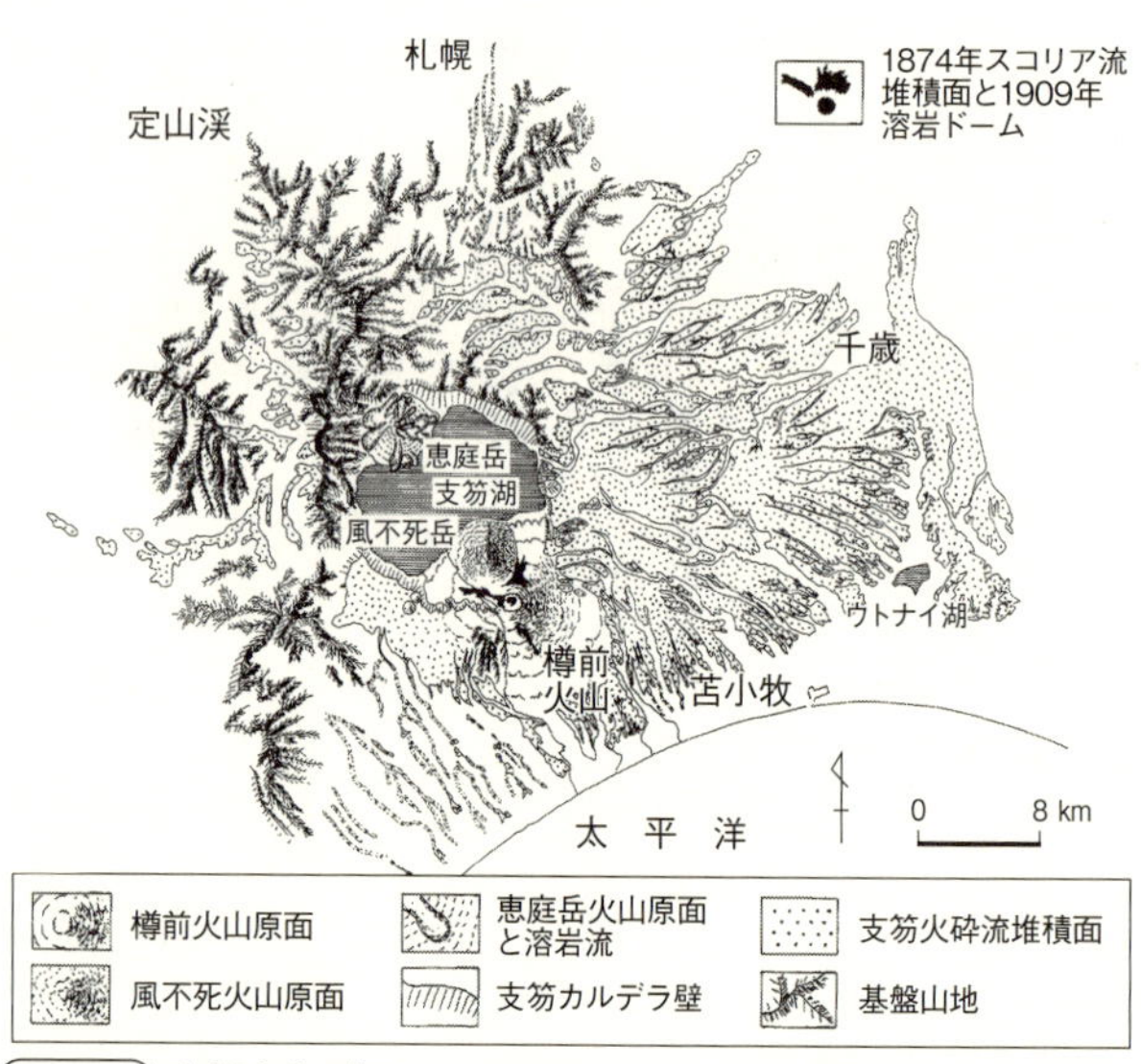

図2.2.4 **支笏カルデラ**（守屋以智雄1979「日本の第四紀火山の地形発達と分類」地理学評論52巻より）

ので、降下軽石は噴火で空中に噴き上げられた軽石が空から落ちてきて積もったものです。

あたり一面を埋め尽くしたこの火砕流は、千歳空港の西側に位置している支笏火山の大噴火によりもたらされたものです。現在、「支笏火山」という高い山はなく、支笏湖という大きな湖がありますが、これは大噴火でできた大きな穴で、「カルデラ」と呼ばれます（図2・2・4）。

大噴火のあと、カルデラの中に恵庭岳や風不死岳、樽前山などの山が新たにできました。支笏湖の南にある樽前山は明治時代の噴火で山頂に溶岩ドームが現れ、かさぶたのような不気味な

写真2.2.3　支笏火砕流と降下軽石の露頭（撮影・久保純子）

写真2.2.4　樽前山の溶岩ドーム（撮影・久保純子）

姿をしていますが、現在も噴煙が上がり、ときどき小噴火しています（写真2・2・4）。

支笏火山の大噴火によって千歳空港周辺の火砕流台地が生まれたのは、今から約4万年前のできごとです。この火砕流台地が広がる前は、石狩低地帯が、苫小牧のある太平洋側に続いていました。石狩川も、太平洋側に河口があったのです。

約4万年前は現在よりも寒冷な氷期にあたり、海面も数十メートル低かった時代です。そこへ支笏火山の火砕流が広がり、千歳付近は標高20メートルほどの高まりとなり、石狩川は行く手をさえぎられて日本海側の石狩湾に河口を移したのです。苫小牧の地下では、厚さ数十メートルの支笏火砕流堆積物の下に、かつての石狩川下流の谷が埋められています。

第3章

東北

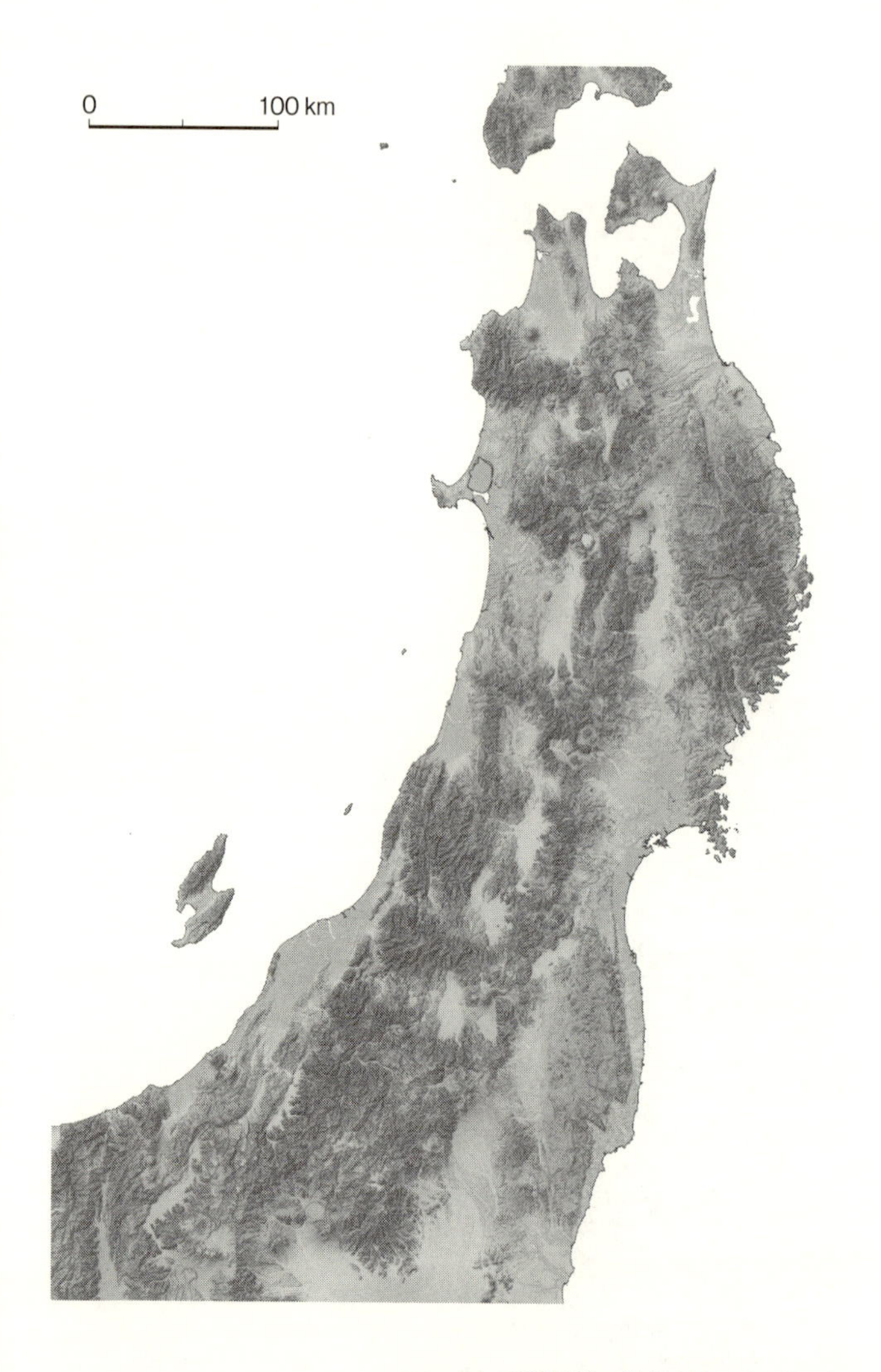

map data : SRTM 90m Digital Elevation Database v4.1

3◆1　三内丸山遺跡と縄文海進

国内最大級の縄文遺跡

青森県青森市西部にある三内丸山遺跡は、縄文時代前期から中期にかけての、今から約5900年前～4100年前*に継続した大規模な集落の遺跡です。

この場所に遺跡があることは江戸時代から知られていましたが、1992年、県営の野球場を建設するための事前調査で土器や土偶など大量の縄文時代の遺物が発見され、国内最大級の巨大遺跡であることが判明し、注目を集めました。さらなる調査が行われ、1994年には地面に穴を掘り6本の柱を立てて作った巨大な建物の跡「大型掘立柱建物跡」が発見され、1997年には国の史跡に指定されました。2000年には、史跡の中でもとくに学術上の価値が高いとされる特別史跡に指定されています。現在は遺跡公園として整備され、復元された建物や博物館などの展示施設も作られています。

三内丸山遺跡でもとりわけ有名な大型掘立柱建物跡には、高さおよそ15メートルの物見櫓のような巨大建造物が建っていたと考えられています。また、テニスコートよりも広い大型の竪穴住

＊放射性炭素による年代（炭素14年代）は5500年前～4000年前ですが、これを実際の年代に較正すると5900年前～4100年前となります。

写真3.1.1 **復元された三内丸山遺跡の大型掘立柱建物と大型竪穴住居**（提供・青森県）
遺跡公園として整備されている。

居跡も発掘されており、集会所や共同作業所であったと推定されています（写真3・1・1）。

遺物もたくさん発見されており、新潟県から運ばれてきたといわれるヒスイの玉や、漆塗りの製品も見つかっています。植物を編んで作られた籠の中にクルミが1個入っていて、「縄文ポシェット」と呼ばれているものもあります。

三内丸山遺跡と青森平野

大規模な集落が長年にわたって維持され、豊かな生活跡も見つかっていることから、この地は海の幸・山の幸に恵まれた環境にあったとうかがえます。三内丸山遺跡の周囲にはヒョウタン、マメなど

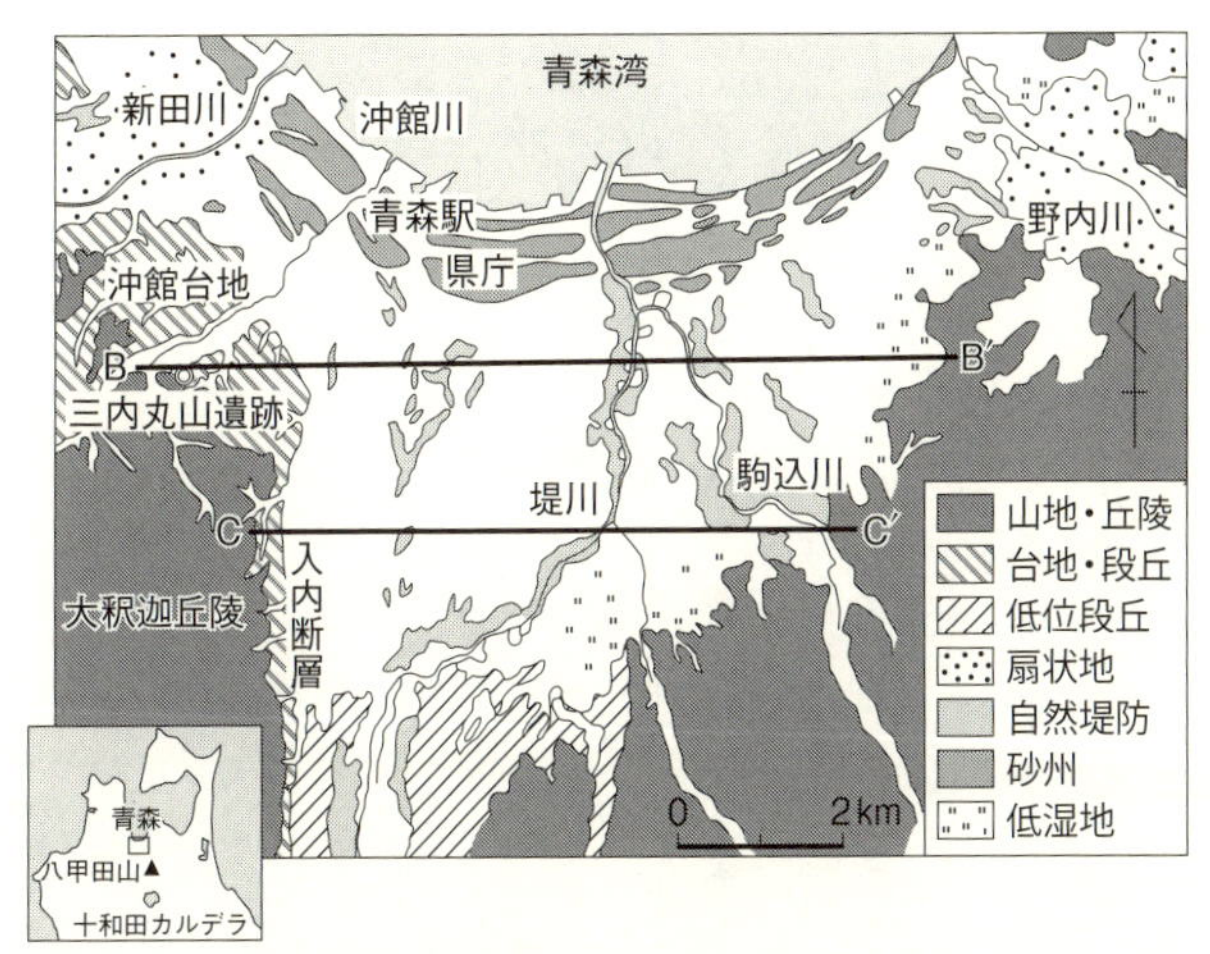

図3.1.1 **三内丸山遺跡の位置**（久保純子ほか2006「最終氷期以降の青森平野の環境変遷史」植生史研究特別第2号より改変）
青森県青森市の西部に位置する。

の植物のほか、クリも栽培していたらしいことが分かっています。というのも、遺跡に残された当時のクリを分析した結果、DNAのばらつきが小さく、人為的に植えられたと考えられるからです。

　では、三内丸山遺跡はどのような土地に作られたのでしょうか。遺跡がある青森市は、津軽海峡に続く青森湾に面しています（図3・1・1）。南側には八甲田山という火山があり、青森湾との間に青森平野という比較的小さな平野があります。

　青森平野の北部には、海岸線沿いに、波によって土砂が堆積してできる砂州や浜堤（ひんてい）というまわりよりもわずかに高い地形が続いています。現在の青森駅や青森県庁は、このわずかな高まりの上にあります。内陸側には平らな平野が続いており、堤川（つつみがわ）などの八甲田山から流れるいくつかの小さな川が青森湾に注いでいます。

三内丸山遺跡は、青森平野西部の沖館川（おきだてがわ）という川に面した、一段高い台地の上に位置しています。現在の海岸線からだと、遺跡までは４〜５キロメートルほどの距離があります。

この青森平野の地盤の様子を示した断面図が図３・１・２です。三内丸山遺跡を通る東西断面図を見ると、遺跡が位置する台地の東側には低地が広がっていることが分かります。低地の部分の地層を見ると、一番上には、海岸沿いに砂の層が約10メートルの厚さで広がっています。その下には薄い粘土層があって、そこには貝の化石が含まれます。

三内丸山遺跡より南側の断面図を見てみると、一番上には砂の層は見られず、当時湿地であったことを示すような植物の化石を多く含む粘土層が厚く堆積しています。その下には貝化石を含む粘土層は見られず、軽石や火山灰からなる火砕流の堆積物があります。火砕流堆積物は上部と下部の２つに区別され、それぞれ異なる由来であることが分かります。

周辺の調査などから、この２つの火砕流は、八甲田山よりもさらに南の十和田火山の噴火（そのとき形成されたカルデラが現在の十和田湖）で流れてきたものと考えられています。新しい上部の火砕流は「十和田八戸火砕流」と呼ばれ、約１万５０００年前の大噴火で青森まで流れてきたものといわれています。下部の火砕流は「十和田大不動（おおふどう）火砕流」と呼ばれる、約３万６０００

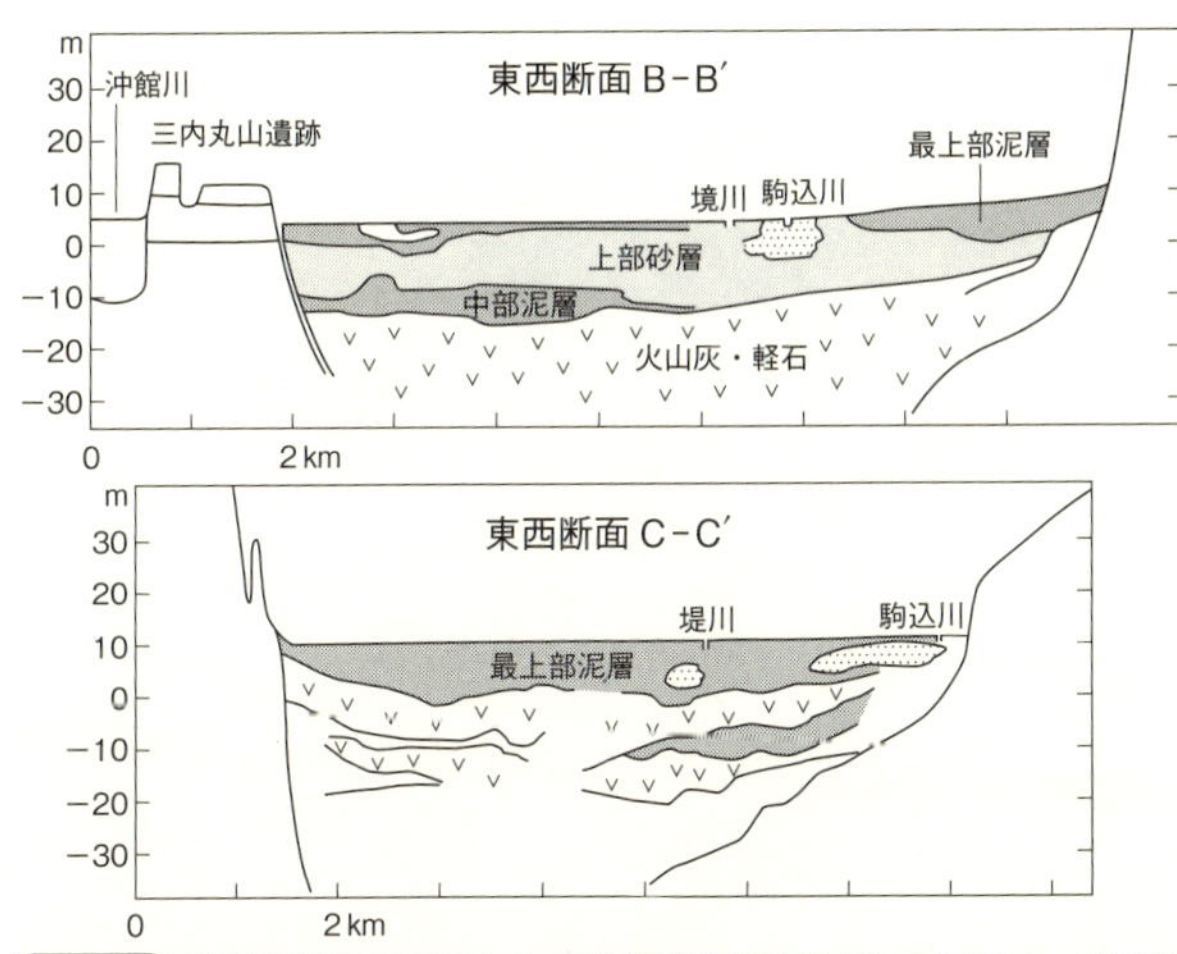

図3.1.2　**青森平野の東西方向の地盤断面図**（久保ほか2006を一部改変）
上図は図3.1.1のB－B'断面、下図はC－C'断面。

年前の火砕流と考えられます。

　2つの火砕流の間には、森が火砕流で埋まったことを示す植物化石が見つかっています。これは、樹木が根を張った状態で地層に埋もれた「埋没林」と呼ばれるものです。

　このような地下の地質から、三内丸山遺跡の位置する青森平野がどのように作られてきたのかが分かります。

　約3万6000年前と1万5000年前頃、十和田火山からの火砕流が、今の青森平野の部分にまで達したと考えられます。三内丸山を通る断面図でも、海成の粘土層の下に十和田八戸火砕流の続きと思われる堆積物があるので、青森平野の地下に広く分布すると考えられます（図3・1・3）。

　十和田八戸火砕流が発生した1万5000

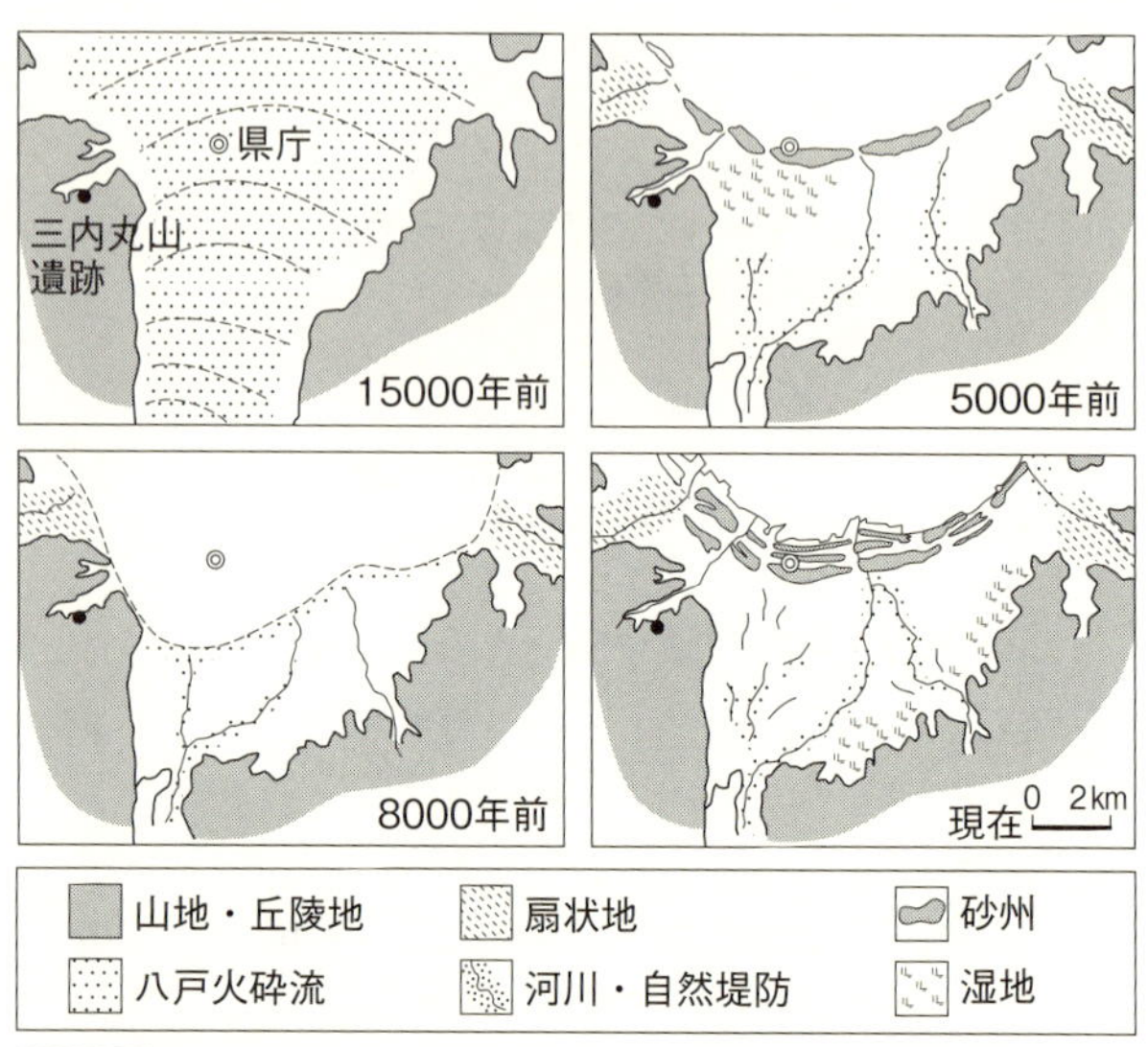

図3.1.3　**青森平野の環境変化**（久保ほか2006を一部改変）

年前はまだ最終氷期の時代で、南極や北極周辺に氷床が広がり、海水が少なかったため、海面は今より100メートルほど低いところにありました。このため、青森平野でも海岸線はもっと沖合に後退し、陸地が広がっていたのです。そこに火砕流が流れてきて森を埋めてしまいました。

その後、地球規模で気候変化が起こり、氷期が終了し温暖な気候に変わります。南極や北極の氷が解けることによって海水が増え、海面が上昇し、今から約8000年前～7000年前には現在の海岸線よりも内陸まで海が入っていました。これは、現在の海岸線よりも内陸部に貝の化石を含む粘土層が分布することが根拠となっています。

三内丸山に縄文集落が形成され始めた５９００年以前も、そのような状態だったと考えられています。集落は台地の上にありましたが、現在の青森市街の場所は、大部分が海となっていたのです。このように、縄文時代の海水面の上昇により海が内陸深くにまで進入していたことを「縄文海進」といいます。

その後、約５０００年前頃になると、海岸沿いに砂州が何列か形成されるようになりました。一番内陸側の、現在県庁が位置するあたりが、最初に砂州ができた頃の海岸です。三内丸山遺跡のある台地と砂州の間には、当初は海の名残の入り江があったと考えられます。それが次第に埋まって湿地になっていったようです。当時の人々は、集落から海まで、おそらく沖館川を舟で移動したのでしょう。

その後も陸化が進み、海側に砂州がもう2～3列増えて、現在の海岸線まで海が退いたと考えられています。これは７０００年前頃をピークに海水面が少し下がったことと、河川が土砂を運んで少しずつ埋められていったこととの両方によります。最初は海のそばに築かれた三内丸山の集落も、時代を下るとともに少しずつ海から離れていったことが分かります。

津軽平野の地形

青森県の西部には、津軽平野という青森平野より大きな平野があります（図3・1・4）。白神山地を源流とする岩木川は、岩木山の麓から弘前市や五所川原市を通り、津軽平野をほぼ南から北に流れて日本海に注ぎます。津軽平野は、岩木川に沿って見てみると、上流から下流に向かって少しずつ地形の特色が違っていることが分かります。

岩木川の上流側には、岩木山の麓から続く扇状地が広く見られます。弘前の市街地は、この扇状地の上にあります。扇状地とは、山から砂礫（大粒の土砂）が流されてきて積もった地形のことで、勾配があって水はけがよいため、津軽地方ではリンゴ畑として広く利用されています。

扇状地よりもう少し下流側になると、土砂がしだいに細かくなっていきます。岩木川の川沿いに洪水の際に土砂が溜まってできる高まりが発達し、「自然堤防」と呼ばれる地形を形成しています。この自然堤防の上にはリンゴ畑が、その両側は低く水が溜まりやすい後背湿地のため水田が広がっています。

さらに下流まで行くと、土砂がさらに細かくなり、非常に平らな低い土地、三角州（デルタ）が広がります。岩木川の河口にはシジミで有名な十三湖がありますが、今も広がり続ける三角州によって埋め立てられ、少しずつ縮小しています。

一方、日本海の海岸線に沿って、非常に幅の広い砂丘地帯が広がっていて、屏風山（びょうぶさん）砂丘と呼ばれています。砂丘は、海岸から風で砂が飛ばされて積もってできます。砂丘地帯が海岸線に沿って長く続くため、内陸側は水はけが悪い低地になっています。

このように、津軽平野は青森平野よりもはるかに規模の大きな平野で、岩木川が土砂を堆積させて形成した平野といえます。また津軽平野も、縄文時代には現在よりもはるかに内陸まで海が

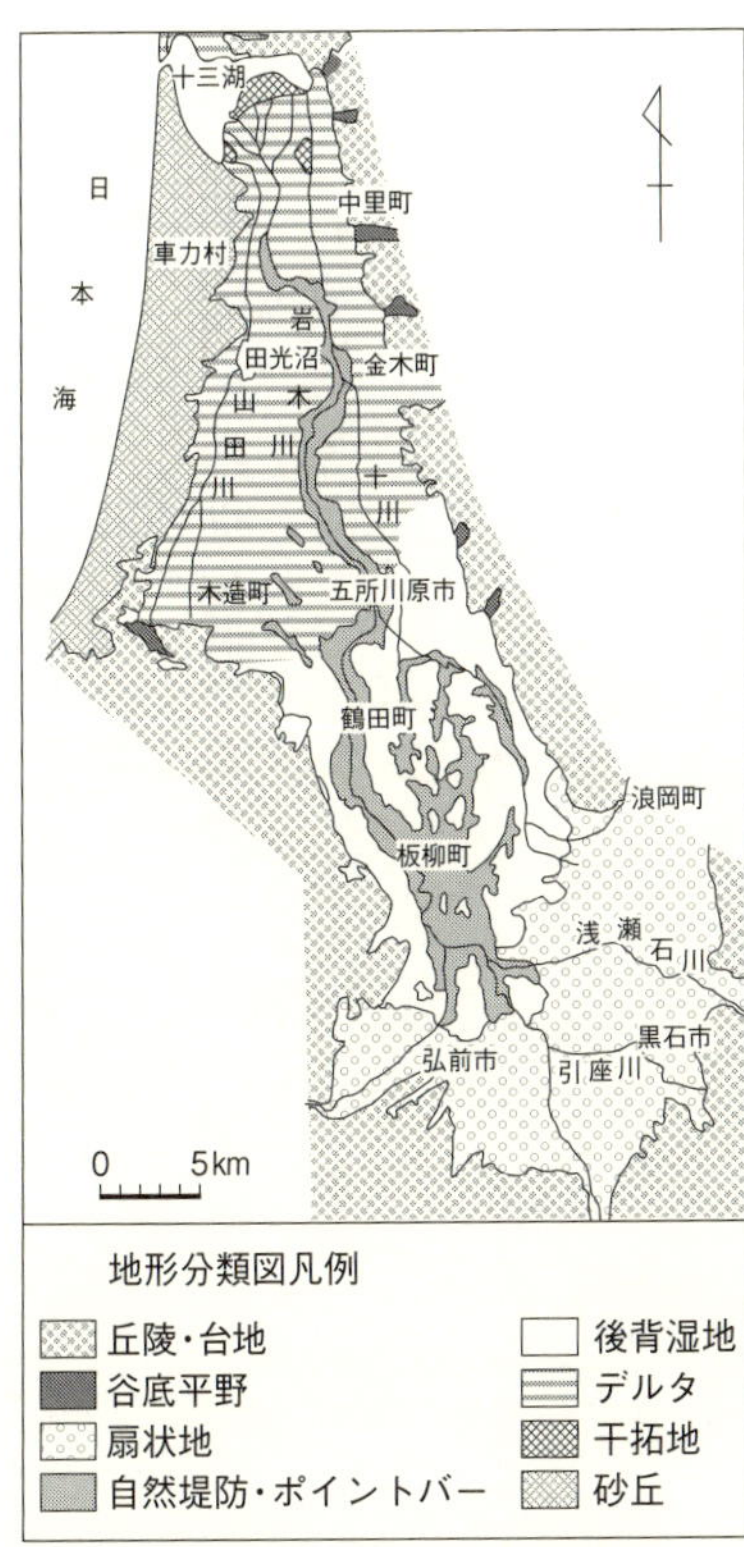

図3.1.4　**津軽平野の地形**（海津正倫および若松加寿江の図より久保編集）

入り込んでいました。平野の地下に海や潟（ラグーン）の堆積物が見られ、現在では海岸から10キロメートル以上離れた五所川原近くまで入江だったと考えられています。

各地で見られた縄文海進

海面が上昇し、海岸線が現在の内陸深くにまで入り込んだ縄文海進は、もちろん青森だけでなく他の地域でも同様に起こりました。

20世紀の初めに、地形学者の東木龍七（とうきりゅうしち）は、先史時代の人々が貝殻などを捨てた跡である貝塚が、関東平野の内陸部の東京湾の海岸線からはるかに離れたところに多く分布していることに気付きました。貝は腐りやすく遠距離の運搬に向かないため、貝を大量に消費した跡である貝塚は、付近に海岸があった証拠と考えたわけです。こうした貝塚の遺跡をもとに、1926年に作成された「石器時代の海岸線」の図は、昔の海岸線が内陸まで入り込んでいた様子を示しており、海水準の変化を裏付ける研究としては世界に先駆けたものでした。

その後、これが縄文時代の海岸線であり、また縄文時代の中でも年代ごとに貝塚に含まれる貝の種類が異なることが明らかになりました。たとえば、縄文時代でも比較的古い早期〜前期の貝塚は、塩分濃度の高いところに棲むカキやハマグリ、アサリなどで構成されるものが多いのに対して、より新しい時代になると、塩分濃度が低い汽水（海水と淡水が混ざったところ）に棲むシジミなどで構成されるものが多くなり、また貝塚の分布の様子も時代とともに変化していることが分かりました。

つまり、初期は内陸まで海が入り込んだために、カキやハマグリ、アサリのような海に棲む貝が手に入ったのに対し、時代が下るとともに海が後退し川が進出したため塩分が薄められ、汽水産のシジミなどが手に入るようになったというふうに推測できます。

房総半島の南端部の館山市沼というところには、縄文時代の前期、約８０００年前～６０００年前のサンゴ礁の化石が残っています。それも、今は海岸から１キロメートル以上離れた丘陵地の谷の中にです。このことから、ここではサンゴ礁が作られるような暖かい海が内陸まで入り込んでいたことが分かります。小さな谷の奥まで海が入り込んだ当時の状態は、「溺(おぼ)れ谷」と呼ばれます。このサンゴ礁の化石は千葉県の天然記念物に指定されています。

ほかにも、伊勢湾や大阪湾でも内陸まで海が浸入したことが分かっています。平野の地下に当時の海の粘土層が確認されているからです。

海水面が最も高かった時代には、大阪では大阪城のある上町(うえまち)台地の東側の、生駒(いこま)山地の直下の河内(かわち)平野まで海が入り込んでいたと考えられています。その後、海は次第に縮小していき、海岸に砂州が延びて潟（ラグーン）が形成され、さらに埋められて湖となり、やがてそれも埋め立てられて現在の大阪平野になったと考えられています。

三内丸山遺跡の集落が発達しはじめた縄文時代前期、今から約7000年前〜5500年前は、平均気温が現在より2〜3℃ほど高く、温暖な時代だったと考えられています。房総半島の先端部にサンゴ礁ができていたということから、若干海水温も高かったと推測できます。海面の高さも現在より、3〜5メートルぐらい高かったといわれています。縄文海進の時代は、日本列島の海岸線のあちこちに溺れ谷が分布する風景が広がっていたのです。

3◆2 奥羽山脈と三陸リアス海岸

車窓の景色が変わらない東北本線

皆さんは東京と盛岡を結ぶJR東北本線に乗ったことがあるでしょうか。北上する電車の車窓から景色を眺めると、両側には水田が広がり、右手（東側）には低くなだらかな山地が、左手（西側）にはやや高い山地が、延々と何時間も続くことに気付くでしょう。

「汽車」という唱歌の歌詞に「今は山中、今は浜（中略）変わる景色のおもしろさ……」とあるように、日本では車窓の景色が次々に変わっていくのが一般的ですが、東北地方を南北に走る東北本線では、景色にほとんど変化がありません。

これは、東北の地形の特徴が原因です。東北本線より東側には、茨城県、栃木県、福島県にまたがる1200メートル級の阿武隈山地、さらに北上して岩手県に入ると、標高1917メートルの早池峰山などいくつかの山を除くと他はほぼ1000メートル級の北上山地が連なります。

東北本線より西側では、南から那須連峰、蔵王、栗駒、岩手山、八幡平と1600～2000メートル級の山が続き、奥羽山脈を形成しています。奥羽山脈は火山列でもあり、ときどき噴煙を上げている山を見ることもできます。東北本線は東西両側の山地に挟まれて南北に細長く延びる「中央低地」を走っているのです（図3・2・1）。

では、このような地形はどのようにできたのでしょうか。それは、プレートの沈み込みで説明することができます。

東日本の太平洋沖には、北海道以北の「千島海溝」、青森から房総までの「日本海溝」、房総から南の「伊豆・小笠原海溝」の3つの海溝が方向を違えて存在します。これに対して、太平洋プレートは1枚の板として西北西方向に沈み込んでいます。そのため、それぞれの区間で、海溝に対する太平洋プレートの見かけの進行方向が異なることになります。千島海溝に対しては斜め左方向に、伊豆・小笠原海溝に対しては斜め右方向に沈み込んでいますが、日本海溝に対してはほぼ直交して沈み込んでいます。

太平洋プレートが東から沈み込むことで、上側のプレート（東北日本）は東から強く圧縮され、南北方向にシワが寄ります。このシワを東西方向の断面で見ると、東側の盛り上がった部分が北上山地などの山地で外弧隆起帯、くぼんだ部分が中央低地、さらに奥の（西側の）盛り上がり部分が奥羽山脈で火山フロントと内弧リッジと考えることができます。

東北本線はこのような南北方向に延びたシワのような地形に平行して走っているので、車窓からの景色に変化がないというわけです。

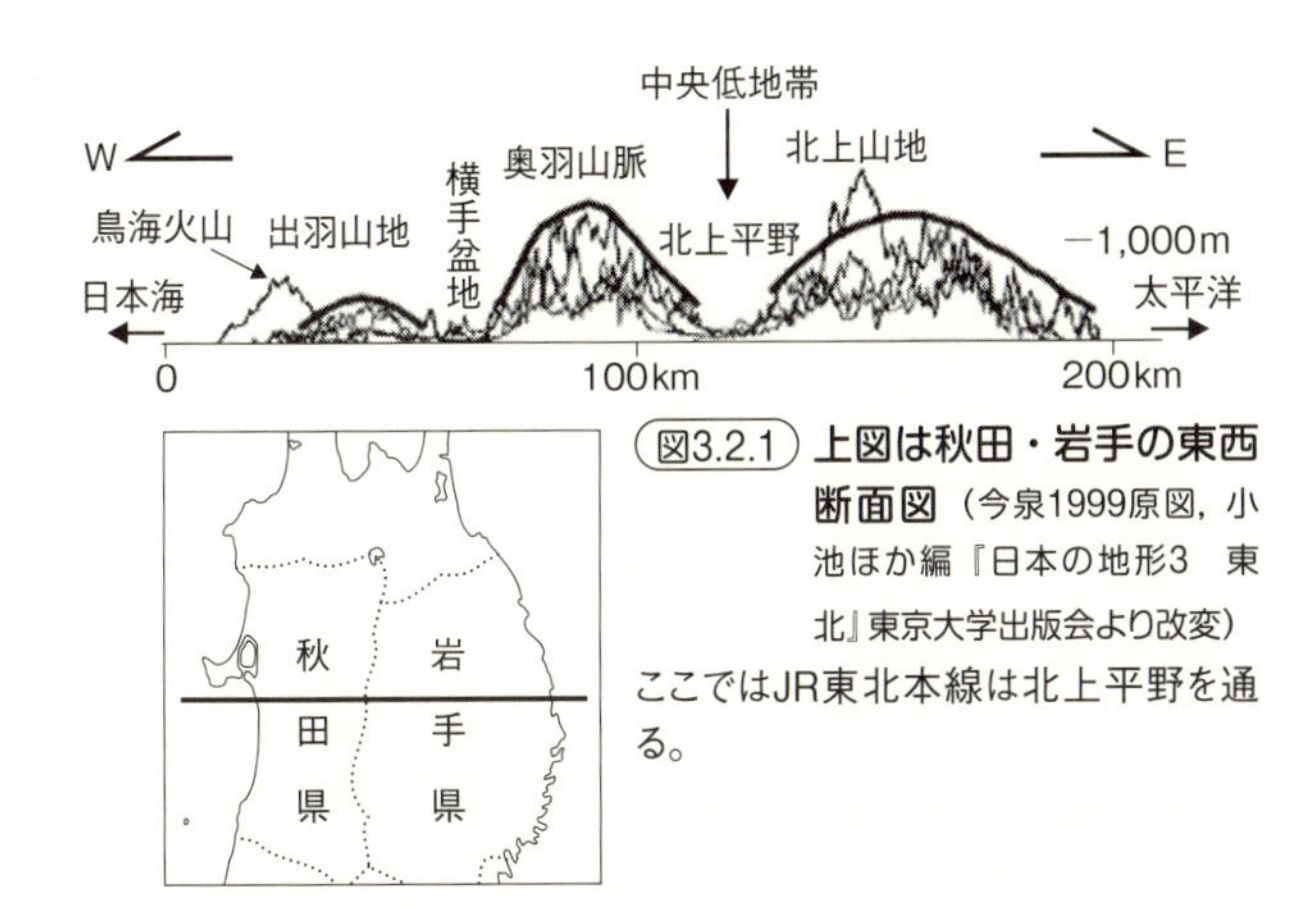

図3.2.1 **上図は秋田・岩手の東西断面図**（今泉1999原図，小池ほか編『日本の地形3　東北』東京大学出版会より改変）
ここではJR東北本線は北上平野を通る。

一方、千島海溝や伊豆・小笠原海溝のように、海溝に対して斜めにプレートが沈み込む場合には、上側プレートの端に下側プレートの進行方向と直交する方向に、まるで雁が集団で飛ぶときの隊形のような「雁行（がんこう）配列」という形で下側プレートの進行方向と直交する方向にシワが寄ります（第1章図1・7参照）。

たとえば伊豆・小笠原海溝では、フィリピン海プレートの端にある伊豆諸島は、太平洋プレートの進行方向と直交方向に雁行配列しているシワと見ることができます。

東北日本では、奥羽山脈より西側にしか火山はありませんが、これには理由があります。第1章で述べていますが、奥羽山脈のように海溝と平行に配列し、火山が存在する境界線となる火山列を「火山フロント」と呼びます。海洋プレートの沈み込み深度が、マグマが生成される地下100キロメートルに達すると火山ができます。つまり、奥羽山脈より東に火山がないのは、プレートの沈みがまだ浅く、火山ができる条件が揃わないからだと説明がつきます。火山フロントより西側を「火山性内弧」、海溝から火山フロントまでを「非火山性外弧」と呼びます。

東北地方の火山の特徴

東北の火山フロントを構成しているのは、那須火山、磐梯山、蔵王火山、栗駒山、岩手山、十和田火山、恐山（おそれざん）などの、南北方向に延びる奥羽山脈の上に載る第四紀火山です。ただ、これらの火山は連続して連なっているのではなく、それぞれが現在は活動していない周辺の古い火山と一緒になって独立したグループ（クラスター）を形成しています（図３・２・２）。蔵王火山、十和田、八甲田火山などそれぞれがひとつのクラスターを形成し、東北ではこのような構造が認められます。クラスターどうしの間には、火山フロント沿いでも火山の存在しない地域があり、そこでは奥羽山脈の東縁と東北本線の通る中央低地との間に南北走向の活断層が存在しています。

各クラスターの火山活動は、第四紀以前の数百万年前から始まっており、とくに２００万年前～１００万年前は大カルデラの形成が活発に行われました。

では、１００万年前にはどのような地形が広がっていたのでしょう。

東北本線が通っている福島県の白河では、１４０万年前～90万年前の間にカルデラ噴火により

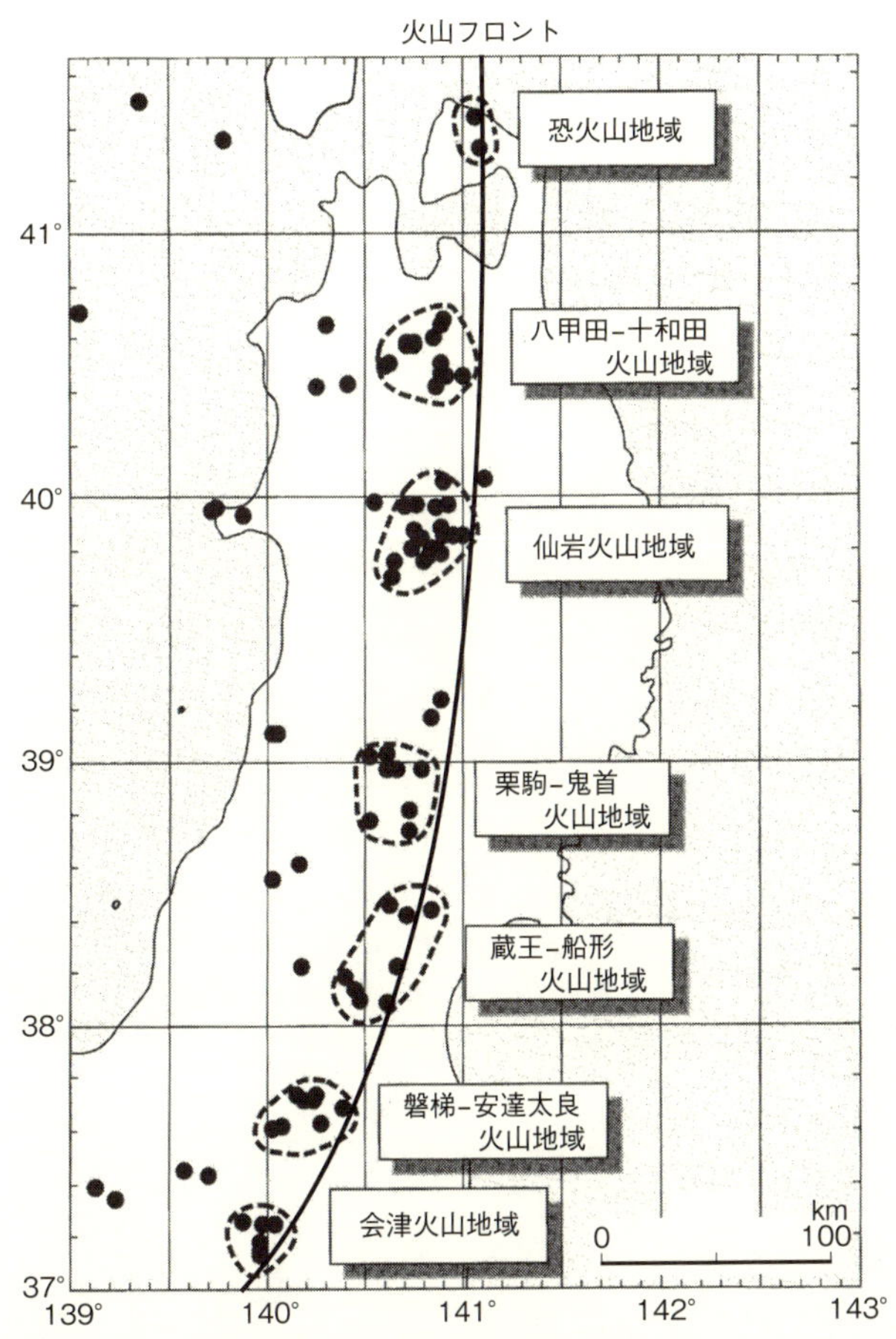

図3.2.2　**東北地方の火山とクラスターの分布**（小池ほか編『日本の地形3　東北』東京大学出版会より改変）

流下した「白河火砕流」が地形を作っています。この火砕流は、東北本線より東側の阿武隈山地内にまで流れ込んでいますが、噴出源は、那須火山群の中で北東に位置する隈戸(くまど)の小野カルデラ、西郷(にしごう)村の成岡(なりおか)カルデラなどです。奇岩が有名で天然記念物になっている下郷(しもごう)町の「塔のへつり」は、噴出した火砕流や凝灰岩が固まった溶結凝灰岩でできた景勝地です。

リアス海岸はどうしてできたのか

地形を作る作用は、プレートの沈み込みなどの地殻変動だけではありません。海水面の変化も地形にとって重要な作用となります。第1章でも紹介した外的営力です。海水面の高さが上下することによって、相対的に海からの陸地の高さも変わるからです。

十万年ごとに繰り返す氷期と間氷期によって、海水面の高さ(海水準)は大きく変化してきました。氷期には大陸氷床や山岳氷河が大きく成長し、海水準は下がりますが、間氷期にはその氷が解けて海水準は上昇します。

宮城県牡鹿(おしか)半島から青森県八戸市までの三陸海岸に多く見られる「リアス海岸」も、海水準変化によって作られた地形のひとつです。ここで、学校の教科書でリアス海岸のでき方を学んだ人は疑問に思われるかもしれません。教科書には、「リアス海岸は陸地の沈降によってできた『沈降海岸』、溺(おぼ)れ谷である」と書いてあり、海水面の上昇については触れていないからです。溺れ

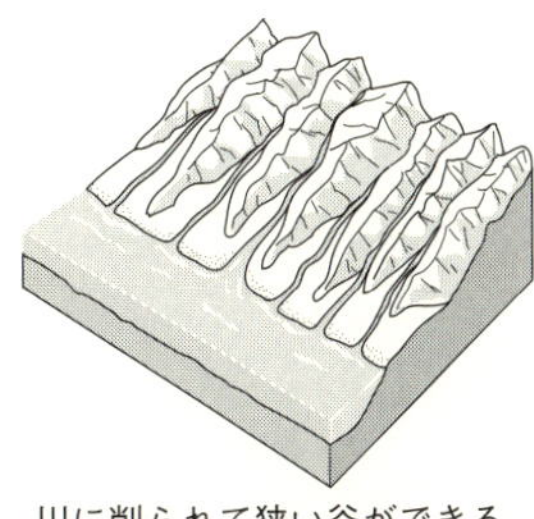
川に削られて狭い谷ができる。

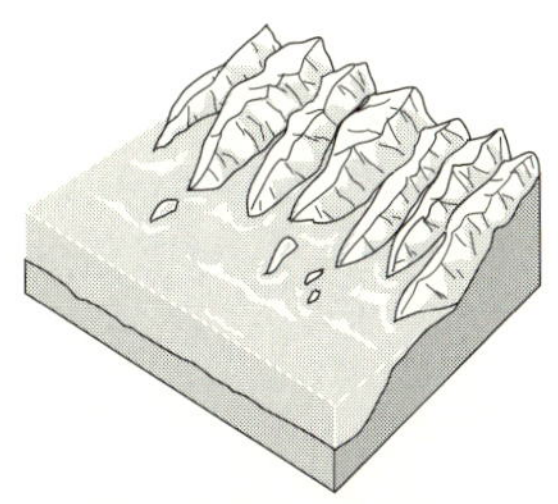
海水面が上昇して溺れ谷となる。

図3.2.3　リアス海岸のでき方

谷とは、もとは陸上の谷だったところが海に沈んだ地形をいいます。

２０１１年に発生したマグニチュード９・０の東北地方太平洋沖地震によって、東北日本東部の沿岸は最大で１・２メートル沈降しました。しかし、急激な沈下にもかかわらず、溺れ谷はできませんでした。つまり、これほど大規模な地震でも溺れ谷ができるほどの大きな沈降は起きないということになります。

三陸海岸は、じつは地震がない時期にはむしろ隆起している地域である可能性があります。これらの海岸には、「海岸段丘」という地形があります。海岸で、波で削られた波食面（はしょくめん）や砂や泥で埋められた堆積面が隆起してできる階段状の地形で、昔からその土地が隆起し続けていることの証拠になります。これらのことから、リアス海岸の形成は土地の沈降では説明できません。

２万年前の最終氷期最盛期には、海水面は現在よりも１２

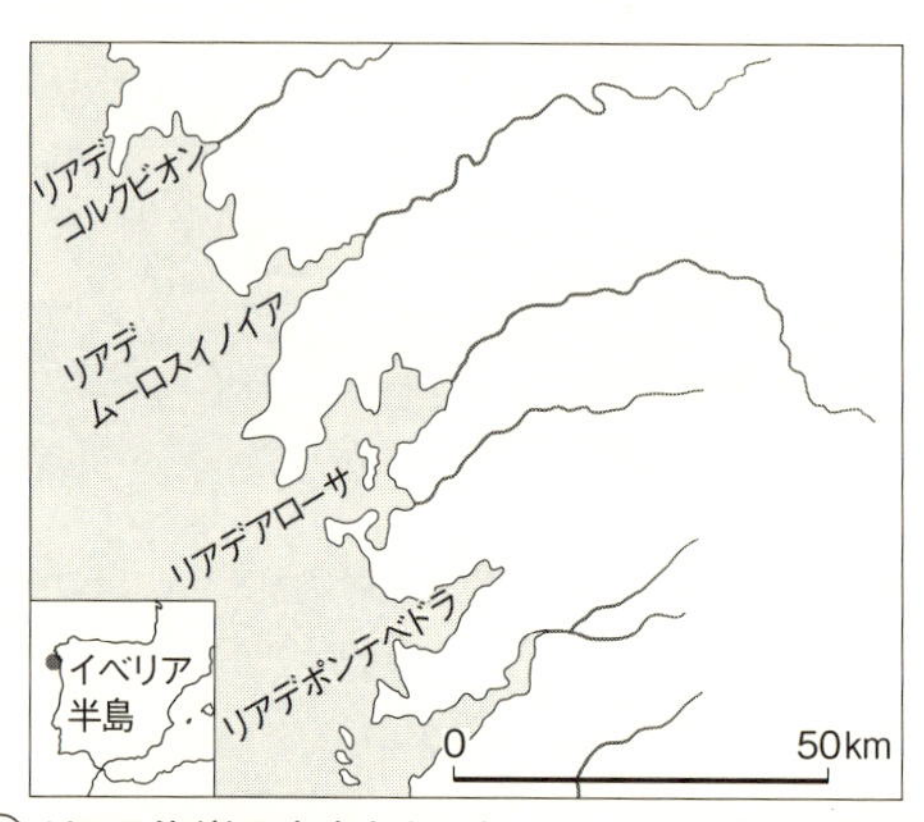

図3.2.4 リアス海岸の由来となった、スペインガリシア地方のリアスバハス海岸

0メートルほど下にありました。河川によって土地が削られ、沿岸部には急な谷ができました。その後、氷期が終わる1万5000年前から徐々に海水面が上がり、谷に海が入り込んできて徐々にリアス海岸となったのです（図3・2・3）。現在のような姿になったのは、7000年前の縄文海進のピーク頃と考えられています。

「リアス（式）」という名前は、スペインの北西部ガリシア地方の「リアスバハス海岸」に由来します（図3・2・4）。「リア」とはスペイン語で入り江を意味し、深い入り江が連続する地形を指してそう呼ぶようになりました。じつはリアス海岸は日本でも伊勢志摩、若狭湾、伊豆半島、三浦半島、房総半島など各地にあります。

リアス海岸の入り江の内部では波が穏やかなため、カキや海苔、真珠などの養殖に利用されます。

海からの波が湾内に到達するまでに弱まるためです。また、山からの養分を含んだ川が、ほとんど人の居住地域を経由することなく流れ込むので、プランクトンが育つ良い漁場となります。

一方、津波の被害を拡大するという面もあります。津波が押し寄せると、狭い湾内で水平方向に行き場を失った波は代わりに上方向に伸び、より大きな津波を生み出すのです。

お風呂の水でたとえてみましょう。息を吹きかけて水面に生まれる小さな波が、ふだんの海の波です。一方、手や足で浴槽内のお湯を揺らしたときにできる波が津波です。この津波は、四角い浴槽の角で大きく壁を上ります。これがリアス海岸で巨大化する津波の正体です。

三陸海岸の未来

リアス海岸ができるには、2つの条件があります。ひとつ目は、沿岸部が水で削れにくい硬い岩石でできていることです。この地形ができるためには狭くて急な谷が必要ですが、岩石が軟らかければ簡単に崩れて、なだらかな広い谷ができてしまいます。また、海面に接している海岸部は削られてしまうので、入り組んだ入り江ができたとしてもすぐになくなってしまっていたでしょう。

2つ目の条件は、川の流域が狭いことです。川は、山から土砂を運び下流に溜めていく働きをします。流域が広いほど運ぶ土砂の量は大きくなり、埋め立てる力が大きくなります。したがっ

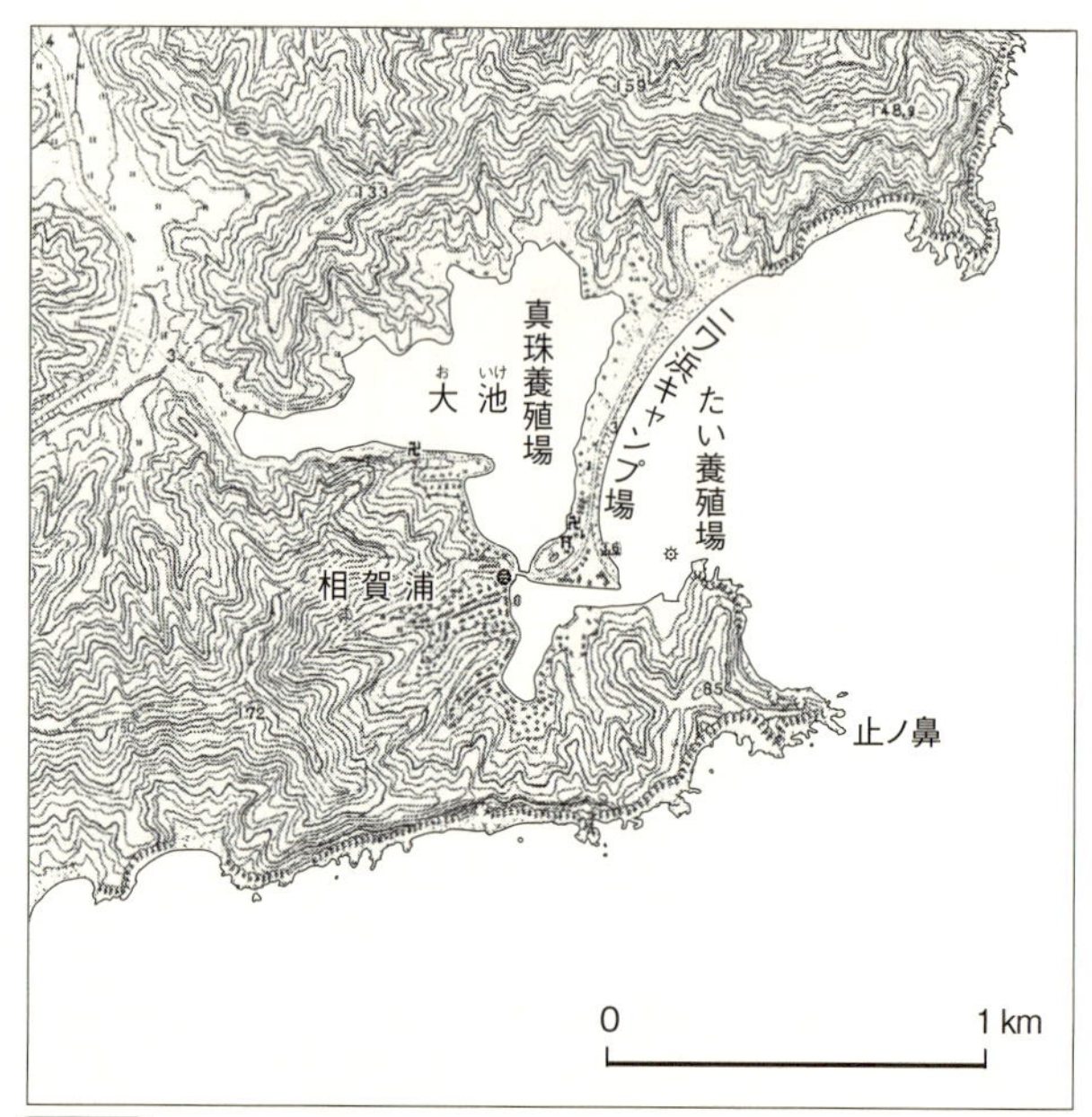

図3.2.5 **リアス式海岸にできた砂州（ニワ浜キャンプ場）三重県五ヶ所湾**（国土地理院1/25000地形図「相賀浦」）
リアス海岸が埋め立てられる過程で砂州が形成される。

て、川の流域が狭いほうが、下流域は埋め立てられず、急な谷の地形が長い間残されるわけです。

こうして形成された三陸のリアス海岸は、その姿が７０００年前からほとんど変化せずに保存されてきました。その理由として、当時から海水面の高さが変化していないこともその大きな要因だと考えられています。将来、この地形はどのように変わっていくのでしょうか。

もし海面の高さがずっと

変わらずにいれば、いずれは出っ張った岬と岬をつなぐように湾の入り口に砂州ができると考えられます（図３・２・５）。これは、岬が削られて供給される土砂が溜まるためです。さらに進化すると、砂州で囲まれた湾は、さらに流れ込んだ土砂で埋められて平野になってしまうでしょう。

　では、もし海面が今より数十メートルほど下がったとしたらどうなるでしょう。海面が下がるということは、入り江から海が後退することになり、溺れ谷ではなくなります。リアス海岸は消滅するでしょう。逆に海面が今よりも上昇すると、海岸線は西に進出しますが、入り江が急峻なためリアス海岸はそのまま残ると考えられます。

　リアス海岸は、現在の温暖な時代における海面上昇が作った地形であり、縄文海進時には日本列島のほとんどの海岸はリアス海岸になったと考えられます。しかし、現在のリアス海岸はいずれ砂州が形成され埋め立てられてしまうまでの一時的な姿に過ぎません。絶えず地形が変化する何万年もの時間の中で、私たちは高海面期のスナップショットを見ているといえるかもしれません。

第4章

関東

map data : SRTM 90m Digital Elevation Database v4.1

４◆１　関東平野はなぜ広いのか

ダントツに広い関東平野

関東平野は、日本一広い平野です。その面積はおよそ１万７０００平方キロメートルにもなります。日本の国土は約38万平方キロメートルですから、関東平野はその面積の５パーセント近くを占めます。

平野部だけで見ると、日本の平野の面積は国土の約４分の１にあたる9万平方キロメートルなので、関東平野だけで日本の平野の18パーセントを占めていることになります。二番目の十勝平野は約８０００平方キロメートル、三番目の石狩平野が６５００平方キロメートルですから、関東平野は日本の平野の中でダントツに大きいのです。

一般的に人が多く住むのは平野部ですが、関東平野だけで日本の総人口の34パーセントにあたる４２６０万人が住んでいます。面積だけでなく人口も集中していることが分かります。

日本の平野は、基本的には低地と台地と丘陵で構成されています（図４・１・１）。低地というのは河川や海岸沿いの低く平たい地域で、大雨によって洪水が発生し、堆積物に埋められた

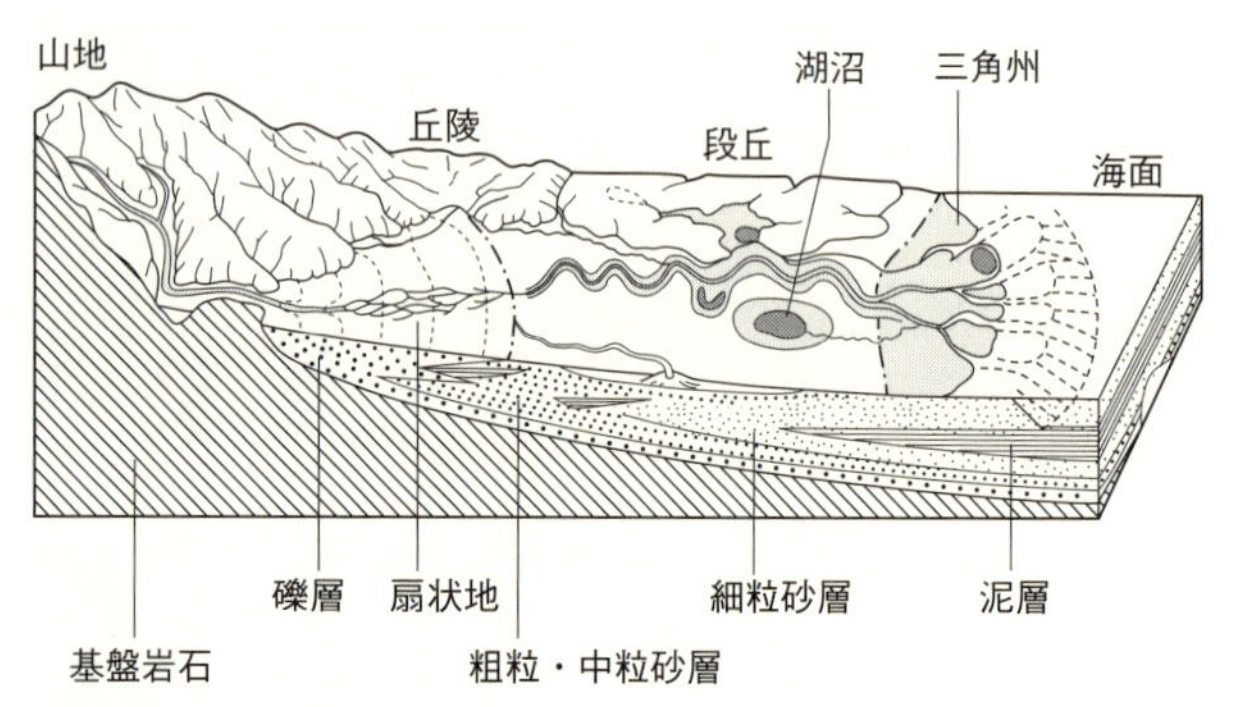

図4.1.1 **低地、台地、丘陵地のイメージ**（鈴木隆介『建設技術者のための地形図読図入門2　低地』古今書院より改変）

り、侵食を受けたりします。洪水被害があるので危険ですが、住むのにはとても便利なところです。水が手に入りやすいので、水田や畑などの耕作地に適しているうえ、物資を運ぶときには河川を利用した水運が大きな役割を果たしました。

もともと低地だったところが地殻の隆起でだんだん持ち上がってきたり、あるいは気候変化で海水準が低下したりすると台地を形成するようになります。台地になると洪水の被害を受けなくなりますが、時代とともにだんだん侵食され平坦なところがなくなって、やがて丘陵地になります。

低地と違い、台地・丘陵地には、水が得にくいという弱点があります。現代では水道などのインフラが整っているため人が住めますが、明治時代以前は台地は畑、丘陵地は里山や雑木林としてしか使えず、大部分の人は低地に住んでいました。

フォッサマグナを境にして日本を東北日本と西南日本に分けて平野を比較すると、東北日本の平野は、比較的台地と丘陵が多く、一方西南日本では、台地の多い平野は少なく低地が多くなります。その理由は分かりません。関東平野は東北日本側ですが、その中では低地が比較的多く、低地と台地の割合は同じくらいです。

関東平野は沈降している

関東平野は、中央部が沈降し、周辺部が隆起する地殻変動を受けています。貝塚爽平氏はこれを「関東造盆地運動」と呼びました。関東平野の真ん中は沈む土地、沈降盆地なのです。そこに利根川や荒川、多摩川など大きな河川が流入し、関東山地や北側の東北日本の山地から供給された岩屑（礫、砂、泥など）が、この沈む低い土地に堆積して関東平野ができています。

関東平野の地下には、関東山地に分布しているのと同じ中・古生代（5億5000万年前～6500万年前）に形成された基盤岩を覆って、新生代新第三紀以降の堆積物が最大で3000メートル以上の厚さで堆積しています。これは日本アルプスの高さに匹敵します。

関東平野の中で沈降している中心部は、茨城県の古河や東京湾北部などいくつかあります。隆起している周辺部は、多摩丘陵などの丘陵地や、房総半島、三浦半島周辺です。

沈降の中心部に近い埼玉県行田市では、古墳が田んぼの下に埋まっていたのが見つかった事例があります。現在、これらの古墳は酒巻古墳群と呼ばれ、5世紀末から7世紀にかけて成立したとされています。当時は当然、洪水の被害を受けないような高い土地に作ったものと考えられますが、沈降運動で徐々に地盤が低下したため、やがて洪水を受けるようになり、数百年の間に、堆積物（沖積層）に埋もれてしまったのです。

一方、関東平野南部の縁の部分は、多摩丘陵や三浦半島、房総半島などの高まりが、低地や台地を取り囲んでいます。多摩川の扇状地として関東平野西部に広がる武蔵野台地は、そのため北東に向かって傾いています。その証拠に、武蔵野台地を東西に走る私鉄はいくつかありますが、たとえば西武池袋線はそれよりも南を走る小田急小田原線や東急東横線に比べると、沿線の標高が低くなっています。

また、房総半島の北部の台地は北西に傾いています。千葉県から茨城県に広がる常総（じょうそう）台地は、海が東側にあるので本当は東向きに低くなっていくはずですが、実際はその逆で、少し北西向きに傾いています。河川は傾きに応じて低いほうに流れるので（地形用語では適従（てきじゅう）といいます）、房総半島では大部分の河川が北西向きに流れているのです。そのため、房総丘陵の太平洋と東京湾の水系の境界となる稜線（分水嶺）は、著しく半島の南東側、海側に寄っています。つまり房総半島の太平洋側の河川は流域が極端に狭いのです。

たとえば房総半島南東部の勝浦では、町の背後の丘に上がればそこはもう分水嶺で、その北側

写真4.1.1　元禄地震で隆起した、房総半島南端部の布良(めら)の波食台
ガードレールがあり家が建っているのは、1703年以前は海岸で波によって削られていたところ。元禄地震で約6mほど一気に持ち上がった。傾いた新生代の地層が地殻変動の激しさを物語っている。（撮影・山崎晴雄）

の水系は東京湾に向かって北西に流れています。これが、房総半島の南東側の勝浦や鴨川にリアス海岸が形成される要因です。

このような盆地の縁で隆起している地域の南や東の太平洋沖には、陸に非常に近いところにプレートの境界である相模トラフが存在しています。相模トラフでのプレートの沈み込みが、1923年の関東地震や1703年の元禄地震といったマグニチュード8級の巨大地震を引き起こしました。地震にともなって、三浦半島や房総半島は大きく隆起し、1703年には房総半島南部で6メートルも隆起したことが分かっています（写真4・1・1）。

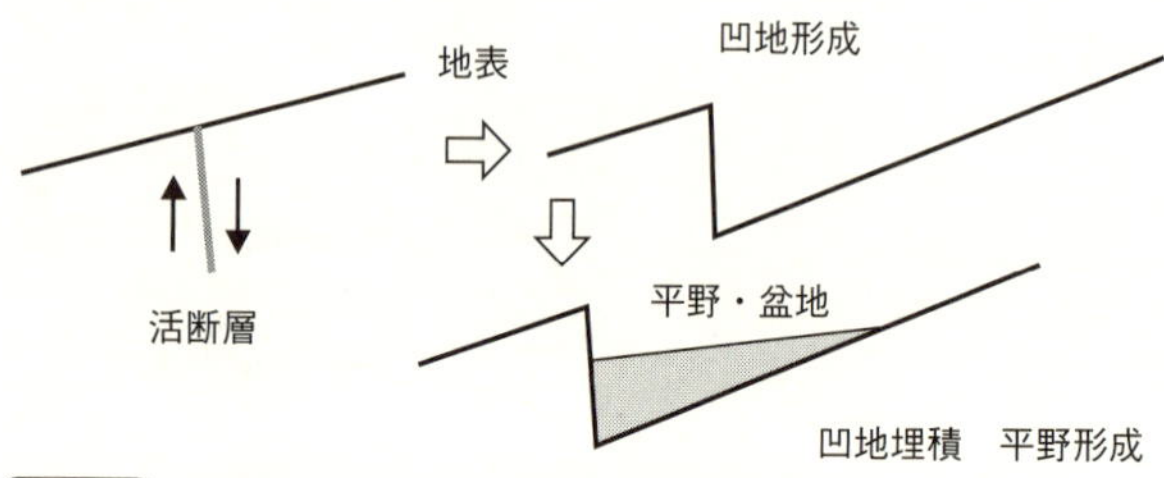

図4.1.2　活断層のずれから平野ができる過程

一方、面積の小さい日本の他の平野はどのようにできるのでしょうか。一般的に大きな河川の河口部や内陸にある盆地に平地や低地はできます。まず、くぼみのある容れ物のような地形ができて、そこを土砂が堆積して埋めていくことで平坦地が形成されます。

では、そもそもその容れ物のような地形はどのようにしてできるのでしょうか。じつはそうした地形を作っているのが「活断層」です。活断層が上下にずれることで、断層を挟んで地盤に大きな落差ができ、土砂の容れ物ができます。河口部分であれば平野ができるし、内陸で山地に囲まれたところであれば盆地ができます（図4・1・2）。

ただし、これに対して関東平野の中には、平野の縁をはっきり区切るような大きな断層は存在しません。

プレートの沈み込みが作った平野

では、関東平野はどのようにしてできたのでしょうか。これはまず海の中を考えます。海溝で海洋プレートが大陸の下に潜り込むとき、海底や海溝に溜まっている堆積物は上のプレートに取り残され、第1章で説明した付加体を形成します。プレートの沈み込みにともなって付加体はどんどん成長し、溜まると盛り上がっていきます。それが外縁隆起帯または前弧リッジと呼ばれる高まりで、海溝に沿ってできますが、やがてその部分が大陸の一部（日本の場合は列島の一部）になっていきます。この部分が今、高い山や陸地を作っているのです。

前弧リッジの内陸側には沈降した前弧海盆ができます。沈み込むプレートが下に向かって行くため、上のプレートは引っ張り込まれて少しへこむからです。この海盆が陸域に現れたのが関東平野であり、前弧リッジにあたるのが三浦半島や房総半島です。

ではなぜ、前弧海盆が陸上に現れているのでしょうか。それには伊豆バー（第1章参照）が影響しています。フィリピン海プレートの最東端にあり、海洋プレートでありながら、火山活動で形成された厚い火山性地殻の伊豆バーが、過去数百万年のあいだ本州に衝突し続けたため、このプレートの北端部と本州との間のプレート境界は北に押し曲げられ、陸にずっと近いところに移動してしまいました。そのため、本来海の中にあるべき前弧海盆が内陸側にでき、山地から川で運ばれてきた土砂がこれを埋めて広い平野を作りました。

関東平野は、このようにプレートの沈み込みが陸地に近い位置で行われていたため、前弧海盆が内陸にできてしまったところなのです。

関東平野の昔の姿

関東平野の概形は、300万年前からあまり変化していません。ただし、平野の中心部での沈降と堆積、周辺の隆起と侵食という地形形成作用は第四紀の間、ずっと受けてきたようです。第四紀は約260万年前から現在までにあたりますが、その間の最も古い地層が地下1000メートルほどの深さにあります。260万年かけてそれだけ沈降したということです。

東京の蒲田(かまた)には、ヨウ素を含んだ真っ黒な温泉が湧いています。これは、昔の関東平野の下に埋まった植物層から溶け出したものです。第四紀以前の新生代の地層は、地下3000メートルまで堆積しています。そこまではわりと軟らかく、水を多く含む地層です。

さらにその下には、高尾山など関東山地を形作る、古くて硬い中生代(2億5000万年前〜6500万年前)の岩石層があります。関東平野の中心は沈降しているといっても、平野の高さ自体は変わっていません。次々に新しい土砂が堆積して沈降したぶんを埋めてしまうからです。

12万年前の、最終間氷期と呼ばれる、現在と同じような温暖期には、海が関東平野の内部に広く浸入し、現在の東京の山の手地域はおそらく海でした。なぜかというと、渋谷付近の地下には12万年前〜10万年前の粘土層があるのですが、これが当時の海の堆積物だと考えられているからです。その後、７万年前以降氷期になって海水準（海面の高さ）が低くなるにつれて、陸地が広がっていきました。

海面高度が現在より も１２０メートルほど低下していた最終氷期最盛期の２万年前には、東京湾はすべて陸地となり、今の利根川にあたる古東京川が、深さ50メートルほどの大きな谷を掘っていました。

当時は浦賀水道あたりに海岸線があったと考えられます。もし古東京川の流れが弱ければ、房総半島と三浦半島をつなぐ砂州ができたはずですが、現在の利根川より急な川で流れが強く、砂州はできなかったようです。今の東京の下町のあたりも深い谷が掘り込まれていました（図４・１・３）。

その後氷期が終わり、地球が暖かくなると、大陸氷床が解けて海の水が増え、内陸に海が再び浸入してきました。「海進」です。今から７０００年前、縄文海進のピークには海が埼玉県の北部付近まで浸入し、当時沿岸で生活していた人たちのゴミ捨て場である貝塚がその周辺各地に残されました。これは縄文海進で内陸に海が入ってきた証拠になっています。

関東平野の開発が始まったのは、豊臣秀吉によって徳川家康が移封されてからです。当時は住む人はあまりおらず、非常に寂れたところでした。葦が広がる湿地で、生産性が低いところだったはずです。

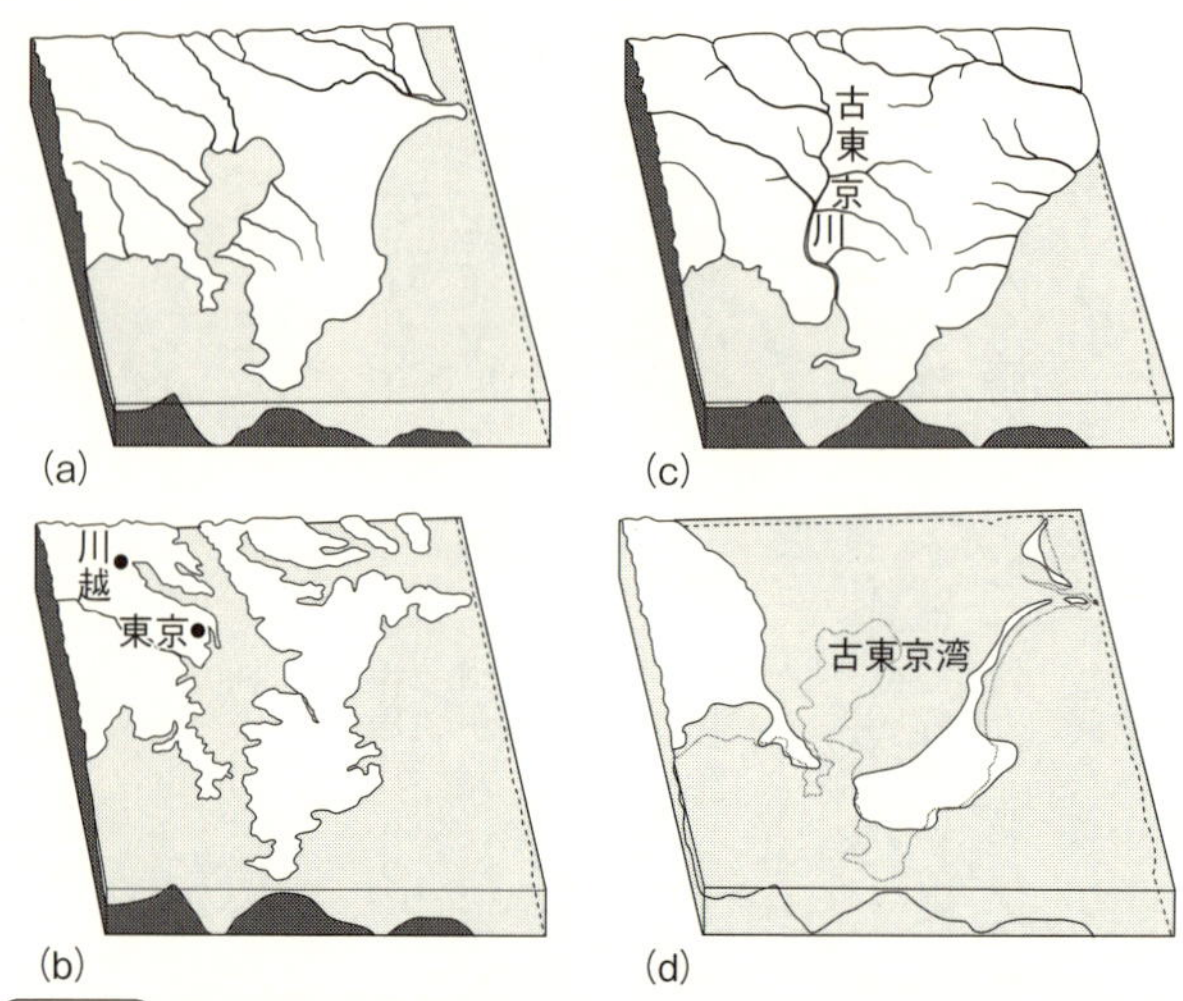

図4.1.3 **関東南部の地形の変遷**（貝塚ほか1985原図，貝塚ほか編『日本の地形4　関東・伊豆小笠原』東京大学出版会より改変）

(a)は現在、(b)は海水準が高かった縄文時代、(c)は氷河期で海水準が低かった2万年前、(d)は間氷期で海水準が最近で最も高かった12.5万年前。

家康の尊敬すべきところは、こういう土地でもイヤと言わず、土木工事をして、生産性を上げるべく新しい耕地や居住地を作った点でしょう。関東平野は日本で最も広いのに当時は未開の地が大部分でしたが、逆に開発の余地を十分持っていたのです。そこに新田開発という投資を行って、結果として農作効率もよくなり生産性も上がったわけです。家康が関東平野の特徴をどれだけ理解していたかは知りませんが、ある意味で勝負に出たのでしょう。

それに対して、たとえば鎌倉幕府は、防御のために狭く攻め入ら

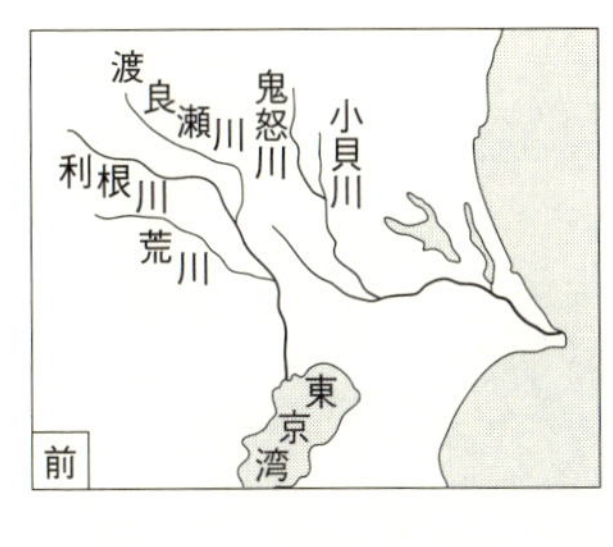

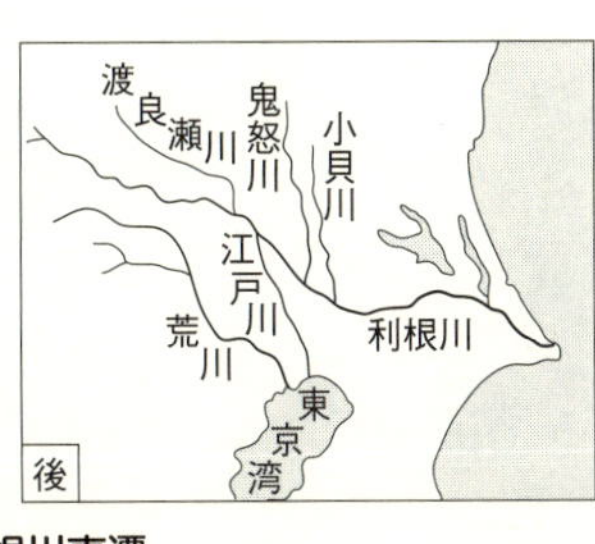

図4.1.4　江戸時代に行われた利根川東遷

れないリアス海岸のような土地を選びました。関東平野ではありませんが、大河ドラマ「真田丸」にも登場した沼田城が築かれた群馬県の沼田市は、周囲を山が囲む要衝です。現在でも谷底に駅があって、市街地は100メートル以上高い河岸段丘の上にあるような坂の街です。私が当時の武将なら、絶対攻めたくないなと思います。

話は戻って、家康が具体的にどんなことをしたかというと、当時は荒川と利根川が合流して東京湾に注いでいました。それを、家康から家光まで3代かけて、利根川を銚子へ流すよう河川の付け替えをしました（利根川東遷（とうせん））。このため、内陸の水運が便利になりました。現在の江戸川は、当時の利根川の名残です。河川付け替えによって、利根川本流は埼玉県中部と茨城県の県境付近で鬼怒川（きぬがわ）に合流するようになりました。

2015年9月に洪水の大きな被害があった、常総市

写真4.1.2　1947年に襲ったカスリーン台風によって浸水した江戸川区内の交番（提供・江戸川区郷土資料室）

の石下（いしげ）、水海道（みつかいどう）がちょうどそのあたりです（図4・1・4）。

　また、茨城県西部の古河のあたりでは、むりやり利根川の流路を変えています。流れを人工的に変えられた川というのは、何かあったら元の流れに戻りたがるものです。1947年の「カスリーン台風」の際には、埼玉県の加須（かぞ）市付近で利根川の堤防が長さ350メートルにわたって大規模に崩れ、洪水は利根川の古来の流路に沿って3日から4日ほどかけて東京にたどり着きました。江戸川区や葛飾区の海抜の低い地域では0・5メートル以上水没したことが記録に残っています（写真4・1・2）。洪水でこのような被害が生じないよう、現在の関東平野ではスーパー堤防などさらに強化した人工的な治水をしています。

　武蔵野台地は、関東造盆地運動で下流側に傾く変動を受けていたので、江戸時代に玉川上水を引くことで新田開発をし、畑作ができるようになった土地です。一方で、千葉県や茨城県の東側の常総台地は関東造盆地運動の影響で南側が高くなっているため、非常に水が得にくいところで、開発されたのは戦後になってからでした。地殻変動の影響で常総台地の開発は遅れてしまったのですね。

4◆2 武蔵野台地と東京低地

武蔵野台地と東京のでこぼこ

江戸城や大阪城、名古屋城などは台地のへりに位置しています。大阪城は四天王寺や住吉大社などのある上町台地の北の端ですし、名古屋城は熱田神宮のある熱田台地の北西の端にあります。

大阪では御堂筋や谷町筋などの南北の幹線と、長堀通などの東西の幹線があり、大阪城の周囲でもだいたい碁盤の目状になっています。名古屋も本町通や大津通などの南北の通りと、桜通など東西の通りがあって比較的碁盤の目状だといえます。

一方、東京の都心部は、同じ城下町でも道路が非常に複雑です。東京の都心部は旧江戸城（皇居）を中心に、内堀通り、外堀通りをはじめ、環状六号（山手通り）や環状七号などの環状線と、日本の国道の起点である日本橋（日本国道路元標がある）から放射状に延びる道路からなり、碁盤の目とは対照的です。これは江戸城の防御のためともいわれますが、東京の都心部は大阪や名古屋と比べると、はるかに地形が凹凸に富んでいることも、ひとつの理由です。

都心部には富士見坂、汐見坂、赤坂など坂のつく地名が多く、目白台、駿河台、高輪（たかなわ）台、白金（しろかね）台などの「高台」と、雑司ヶ谷（ぞうしがや）、千駄ヶ谷、四谷、大久保、渋谷などの「谷」やくぼ地が多くあって、そもそも碁盤の目状の道路にできなかったのだと思われます。

東京都心部の地形を見ると、新宿の都庁付近は標高40メートル近くありますが、東京駅付近は標高３メートルほどしかありません。その間の地形もじつにでこぼこしています（図４・２・１）。とくに、木の枝のように低いところが入り込んでいるのがわかります。これらは神田川や渋谷川、目黒川などが流れる谷の地形です。「谷」といっても黒部峡谷や木曽谷（きそだに）、伊那谷（いなだに）のような大規模なものではないのですが、れっきとした谷の地形であることを、渋谷川を例に見てみましょう。

ＪＲ山手線の渋谷駅は、渋谷川の真上にあります。北側は宮下公園の下になって見えませんが、南側はコンクリートで固められた渋谷川がかろうじて姿を見せています。そして東口側には青山方面に向かう「宮益坂（みやますざか）」、西口側には「道玄坂（どうげんざか）」があって、どちらも駅からは登り坂となっています。

さらに、宮益坂方面からは地下鉄銀座線がＪＲ渋谷駅に接続するのですが、なぜか高架の地上３階に地下鉄のホームがあります。隣の駅の表参道は地下駅なので、渋谷から向かうときには途中からトンネルに入り、正真正銘の地下鉄になります。道玄坂方面には京王井の頭線が山手線と

図4.2.1 **東京都心部の地形模型**（国土交通省作成）

同じ地上2階のホームから発車しますが、すぐにトンネルになって、トンネルを出ると神泉駅に着きます。

渋谷駅のハチ公前の標高は約15メートルで、表参道から宮益坂上にかけての標高は約34メートル、道玄坂上の標高も約35メートルです。どちらも渋谷駅とは20メートルほどの高低差があり、渋谷駅が渋谷川の谷底であることが分かります。要するに、渋谷川の谷地形のせいで宮益坂と道玄坂があり、地下鉄が地上に現れたり、井の頭線にトンネルがあったりするのです。

図4・2・2は、山手線の走る都心部の谷の分布を示したものです。鉄道は急な坂を上り下りできないので、台地と谷の繰り返す部分では、台地を切り通しにして、谷の部分で

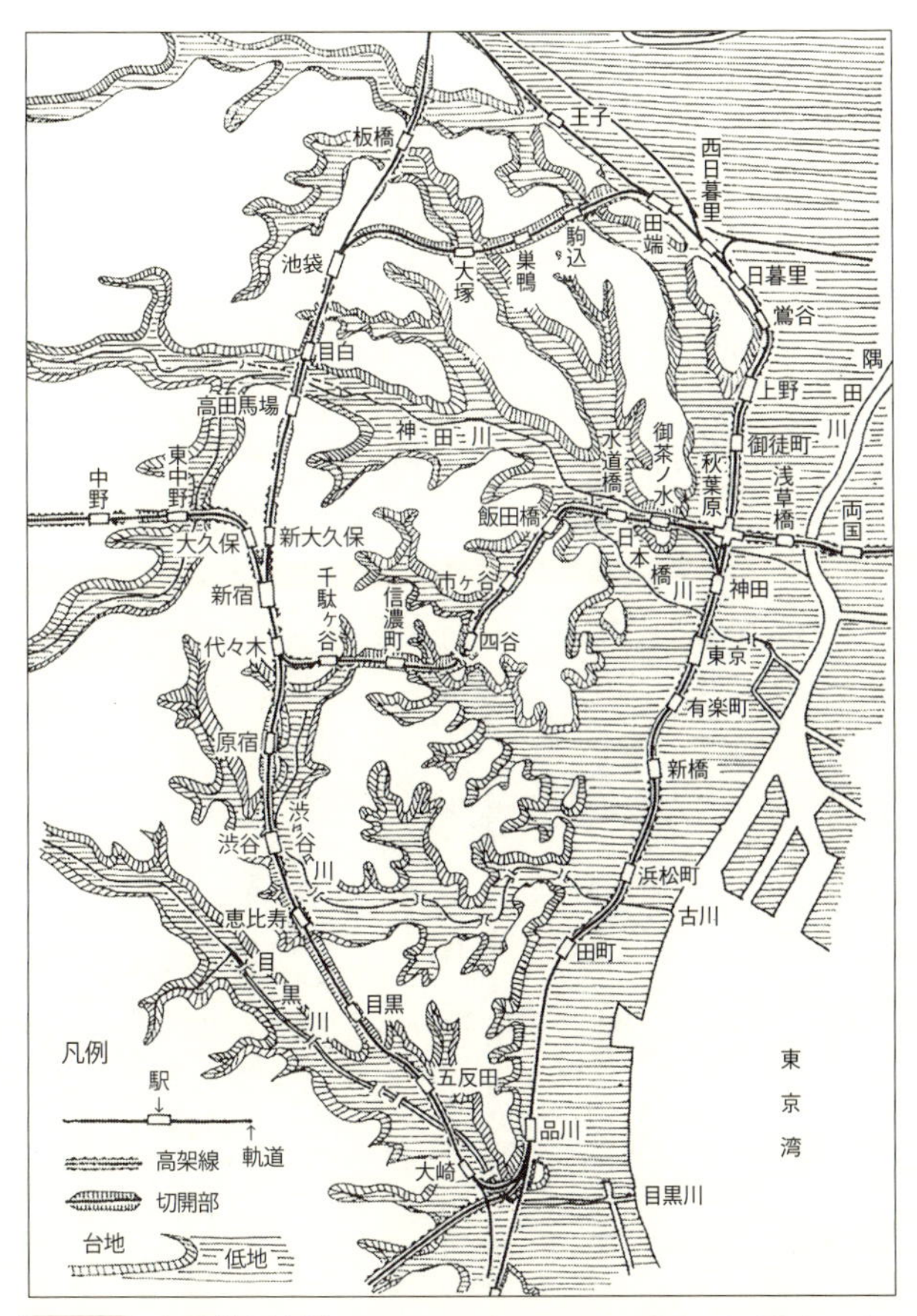

図4.2.2　**山手線と地形**（五百沢智也『歩いて見よう東京』岩波書店より）

は高架になります。渋谷駅～恵比寿駅間の高架は前に述べた渋谷川の谷の部分で、目白駅～高田馬場駅間の高架は神田川の谷を横切る部分です。これらのほか、石神井(しゃくじい)川の谷やその続きの藍染(あいぞめ)川の谷（駒込付近）、板橋や大塚を通る谷端(やばた)川（小石川）の谷、赤坂溜池の谷（四谷南方）、目黒川の谷などが東京都心部のでこぼこを作っているのがわかります。

はじめに挙げた大阪の上町台地や名古屋の熱田台地にはこのような谷地形がほとんどなく、台地の高さも低いので、碁盤の目状の道路を作ることができたのです。

武蔵野台地の地層

都心部の台地を作る地層は、今ではビルの工事のときなどにしか見ることができなくなってしまいました。

新宿や渋谷、六本木周辺の高台の部分を淀橋(よどばし)台と呼びます（淀橋は新宿駅西口側の地名）。六本木のビル（東京ミッドタウン）の工事現場では、地表から約10メートルまで赤土の関東ローム層、その下位に砂泥層が見られました（写真4・2・1）。砂泥層の一部には、小さく扁平な形の円礫も含まれていました。淀橋台と、さらに南方の荏原(えばら)台では、どこでも関東ローム層の下にこのような地層が確認され、中から貝の化石も発見されています。

これに対し、神田川や目黒川などの周囲の台地は淀橋台よりも少し低く、豊島台や目黒台などと呼ばれています。豊島台や目黒台では、関東ローム層が5〜8メートル程度とやや薄く、その下には丸い小石からなる砂礫層があります。東京西部の立川や調布の市街地は、豊島台や目黒台の続きよりも一段低い平坦面で、関東ローム層は2〜5メートルと薄く、その下に砂礫層が見られます。高いほうを武蔵野面、低いほうを立川面と呼び、その境界を「国分寺崖線（がいせん）」と呼んでいます（図4・2・3）。

関東ローム層というのは関東地方の台地上に広く見られる地層で、全体に赤っぽい色をしています。粘土と砂の両方を含むので、触るとねばねばざらざらします。このような土は「ローム」と呼ばれます。関東ローム層の地表部分は黒土（「クロボク」とも呼ばれます）で、関東ローム層の下のほうには黄色っぽい色の細かい粒の軽石層が見られることがあり、これは「東京軽石層」と呼ばれています。これらを全部含めて関東ローム層と呼んでいます。

黒土の部分からは縄文土器が見つかっている一方、赤土の部分では土器は見つかりません。そのかわり、群馬県の岩宿（いわじゅく）遺跡をはじめとして、各地で旧石器が発見されています。

赤土の部分は地層の縞模様がはっきりしません。赤土を茶碗にとって水で洗うと、ざらざらの砂粒が茶碗の底に残ります。これをルーペや顕微鏡で観察すると、宝石のような小さな鉱物の結晶が見えます。鉱物は、主に火山岩に含まれる種類の輝石やかんらん石などです。

黒土や赤土の中から土器や石器が見つかったり、鉱物の結晶の角が丸くならずに形成されたと

写真4.2.1 東京都港区六本木の建設工事で現れた関東ローム層（撮影・久保純子）

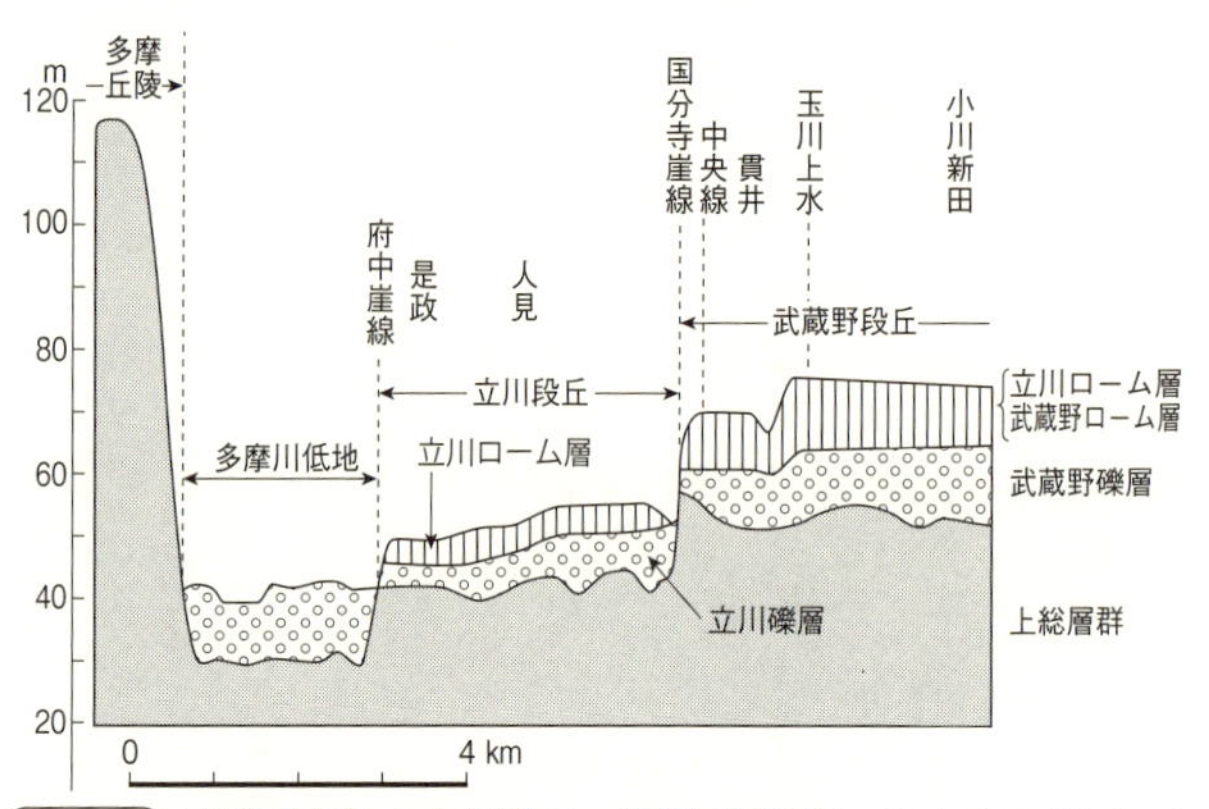

図4.2.3 武蔵野台地と立川段丘（国分寺崖線）（貝塚爽平『東京の自然史』講談社より改変）

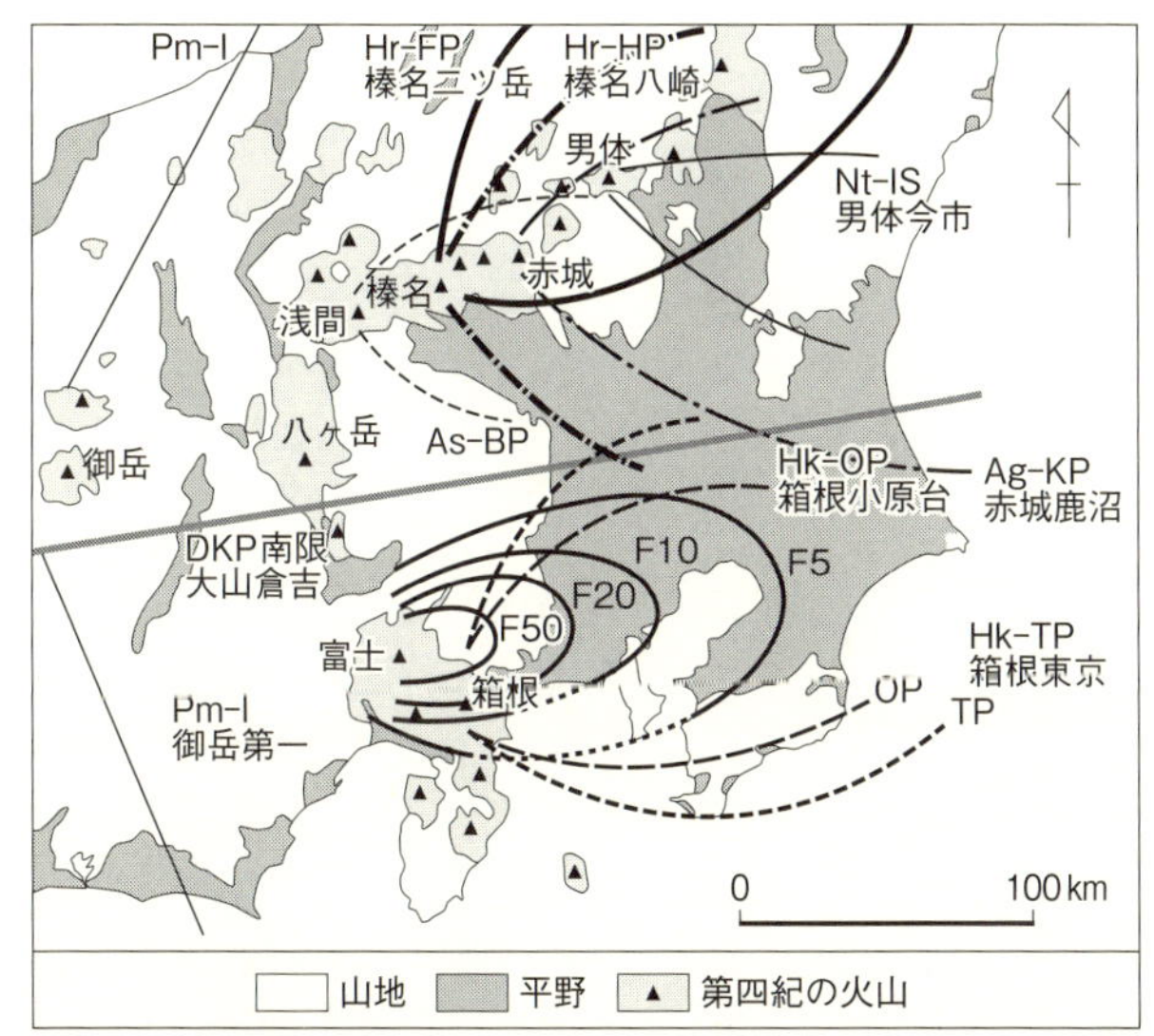

図4.2.4 **関東平野の火山灰の分布**（貝塚ほか『新版日本の自然4　日本の平野と海岸』岩波書店、町田・新井『新編　火山灰アトラス』東京大学出版会より編集）F5、F10などは富士山の火山灰の厚さ（m）を示す。

きの形を保っていたり（水で流されると角がとれて丸くなるので）、軽石の層がはさまったりしていることから、関東ローム層は川などの水の運搬作用でできたのではなく、長い時間をかけて空から降って少しずつ積もった火山灰の土であるといえます。

日本列島には火山が多くあり、火山が噴火すると、上空の偏西風によって東へ東へと火山灰が飛ばされます。武蔵野台地に積もった火山灰は、鉱物の種類や厚さの分布などから、西に位置する箱根火山や富士火山から風によって飛ばされてきたことが分かります（図

4・2・4)。時にはもっと遠くから飛んできたものもあって、木曽御嶽山(きそおんたけさん)や九州から飛んで来たことがわかった火山灰もあります。

火山灰はいわば棚の上のほこりのように、少しずつ積もったものと考えられます。まめに掃除をすればほこりは積もりませんが、長らく掃除をしないとほこりは厚くなっていきます。関東ローム層は、このようにして少しずつ積もったと考えられています。

関東ローム層の下には、貝化石を含む砂泥層や、もっと粒の大きな砂礫層があります。これらは海底や波打ち際、河原などに水の働きで堆積したものです。水で流して掃除をしている間はほこりが溜まりませんが、水が流れなくなった(陸化した)後にほこりが溜まったというわけです。

関東ローム層からわかる台地の歴史

先ほども述べましたが、淀橋台や荏原台の砂泥層ではよく貝の化石が発見されます。これらがいつ頃のものかは、関東ローム層を手がかりにして知ることができます。関東ローム層の一番下の箱根火山起源の軽石の年代から、これらの台地は、約13万年前は東京湾から続く浅い海底または波打ち際であったことが分かりました。軽石の年代は、フィッション・トラック法という鉱物中に含まれるウランの核分裂の跡を利用する方法で測定されました。つまり、海底だったところが陸地になり、海の水が洗わなくなると、箱根火山の軽石や火山灰が積もるようになったというわけです。

10万年前~8万年前になると、こんどは西の関東山地から川の扇状地が広がってきました。これは淀橋台よりも一段低い豊島台や目黒台の関東ローム層の下に見られる砂礫層が作った地形です。

武蔵野台地の主要な部分を作る豊島台や目黒台などの台地では、関東ローム層の厚さが淀橋台よりも薄く、5~8メートルほどです。そして、その下には砂礫層が数メートルの厚さで見られます。礫の種類を調べると、現在の多摩川中流部の河原に見られるのと同じような種類と大きさで、多摩川の扇状地として形成されたことが分かりました。

その上に積もっている関東ローム層は、富士山を作る岩石と同じ鉱物を含む一方、箱根火山を作る岩石の鉱物は含まれません。このことから、現在の富士山は約10万年前頃から噴火を繰り返すようになり、それと同時に箱根火山は噴火が収まっていったようです。

約5万年前から3万年前頃には、多摩川の扇状地は現在の立川や調布のある南西方向に移動し、武蔵野台地の中で一段低い平坦面（立川段丘）を作りました。この時期の扇状地上の湧水地であったと思われる調布市の野川遺跡や、所沢市の砂川遺跡などで、関東ローム層の中から旧石器が発見されています。当時は富士山が時々噴火して火山灰を積もらせましたが、旧石器人の生活は、森林や動物たち、湧水などの環境も含めて続いていたようです。グリーンランドの氷床コアなどからは、この時期には激しい気候変化が繰り返されたことが分かっていますが、全般に現在よりも寒冷な氷期に属します。

一般的に氷期には海面が下がり、河川下流部には深い谷地形が作られます。しかしこの時期の多摩川の扇状地は、その後の時代と比べると深い谷が掘られたというよりは、横方向にもある程度の幅をもって広がっていたようです。海面が比較的長期間にわたって安定していたのかもしれません。

その後、約２万年前から約１万５０００年前頃は、地球全体が氷期のピークを迎え、海面はさらに低下し、現在よりも１２０メートルほど低くなりました。このため多摩川は下流部で幅の狭い深い谷を作りました。立川から府中にかけての立川段丘は、関東ローム層が２メートル弱と薄く、府中あたりではだいぶ扇状地の幅が狭くなり、そこから南東に向かう下流では幅の狭い谷となって続いていきます。

さらに南東の世田谷区等々力（とどろき）あたりから下流では、現在の多摩川の地下に、関東ローム層に覆われた段丘と、その間の狭く深い谷が続くことが工事の際のボーリング（地質調査）で確認されています。これはつまり、当時の低い海面に向かって河川の勾配が急になっていたことを示しています。

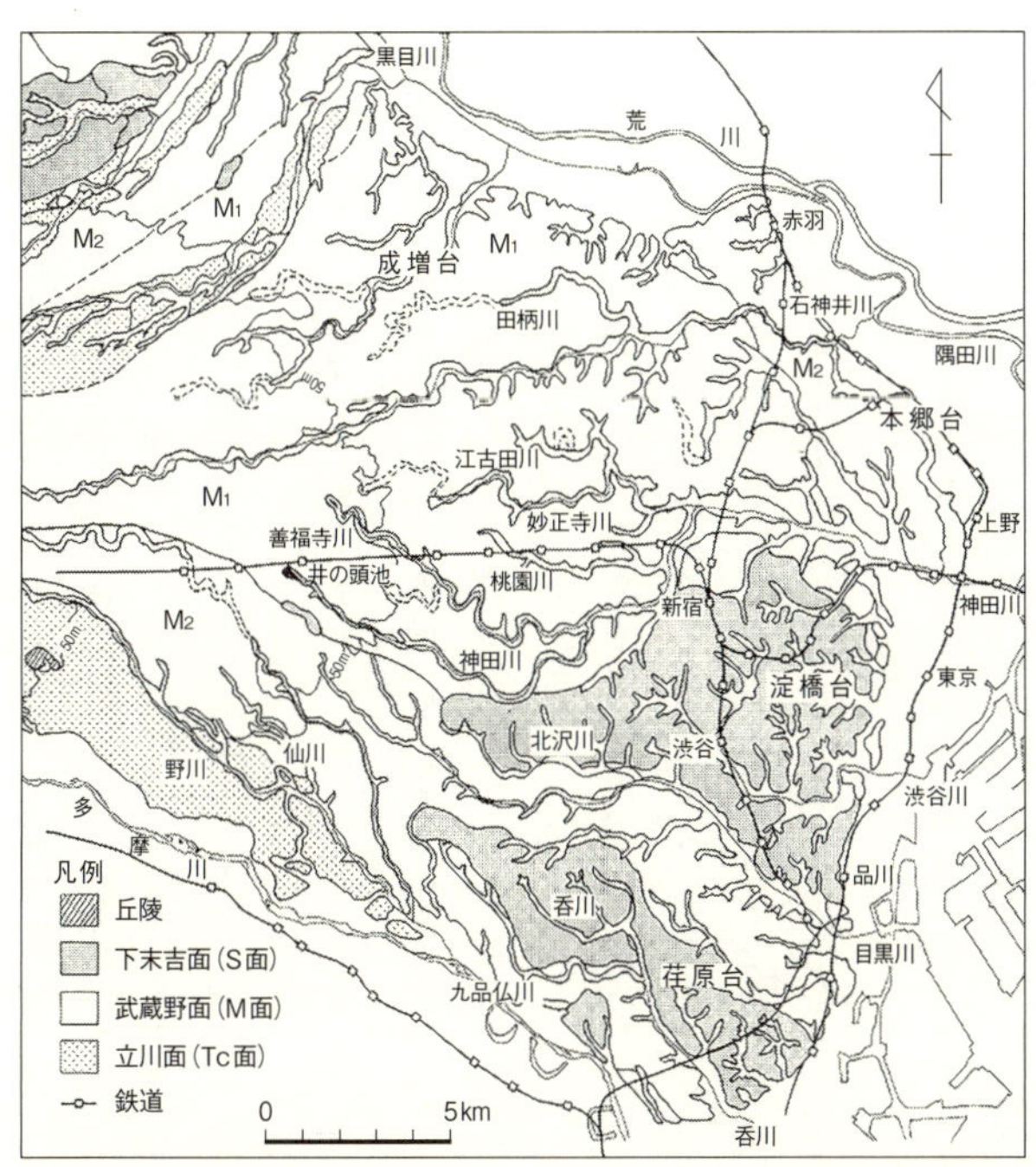

図4.2.5　**武蔵野台地東部の地形**（久保純子1988「相模野台地・武蔵野台地を刻む谷の地形 ── 風成テフラを供給された名残川の谷地形」地理学評論61巻より改変）

武蔵野台地の何段もの段丘地形は、約12万年前から2万年前にかけて地球が次第に寒冷化していくなかで、海や川の作用の変化と火山灰の堆積により形作られました。そこを神田川や渋谷川、目黒川などが削ることで谷を作りましたが、淀橋台のほうが古く、地層も削られやすかったために、よりでこぼこの激しい地形となりました（図4・2・5）。

東京低地の成り立ち

武蔵野台地の東には、東京低地という標高の低い土地が広がっています（図4・2・6）。標高はだいたい5メートル未満で、「東京ゼロメートル地帯」と呼ばれる、東京湾の海面より低い土地もあります。

武蔵野台地と比べると、東京低地には隅田川や荒川、江戸川などの大きな川がたくさん流れています。さらに、小名木（おなぎ）川や竪（たて）川をはじめとする数多くの運河が、昔は縦横にめぐらされていました。隅田川と荒川は、東京低地北部の岩淵というところでつながっています。明治時代の地図を見てみると、隅田川はありますが荒川はありません。荒川は昭和の初め頃に完成した人工の河川（放水路）です。

放水路とは、洪水のときに大量の水を流すために作られた川のバイパスのようなものです。このため、荒川は河川敷が広く、両側には高い人工堤防が続き、大量の水を流せるようになっています。

一方、隅田川の堤防は水際のコンクリートの壁のようなところもあり、両岸の河川敷はほとんどありません。隅田川だけでは洪水を流す容量が足りないため、新たに放水路として荒川が作られたのです。江戸川と中川も似たような関係にあります。洪水対策として人工的に整備された江戸川の河川敷は広く、堤防も高くなっています。

東京低地の地下は、「沖積層」という地質学的に最も新しい地層からできています。武蔵野台地とは標高だけではなく地質もかなり異なります。武蔵野台地と比べると全般に地層は軟弱で、１９２３年の関東大震災を引き起こした関東地震では、台地上の地域よりも東京低地の家屋の倒壊率が高く、火災も発生して大きな被害となりました。

沖積層は厚いところでは60メートル以上あり、上部には地下水を多く含む緩い砂の層が分布し、その下には非常に軟弱な泥層（粘土やシルトの層）が分布します。シルトは砂と粘土の中間の粒径の土のことです。泥層中には貝化石が含まれるため、この層は約７０００年前～５０００年前の縄文海進の時代に海底で堆積してできたことを示しています。

現在の荒川沿いは沖積層が最も厚く分布し、軟弱な海成の泥層の下に、さらに砂や泥の層が続き、最下部には砂礫層が見られます（図４・２・７）。これは、縄文海進の前の時代にそこに深い谷があり、谷底には砂や礫を運ぶような急勾配の河川が流れていたことを物語っています。急

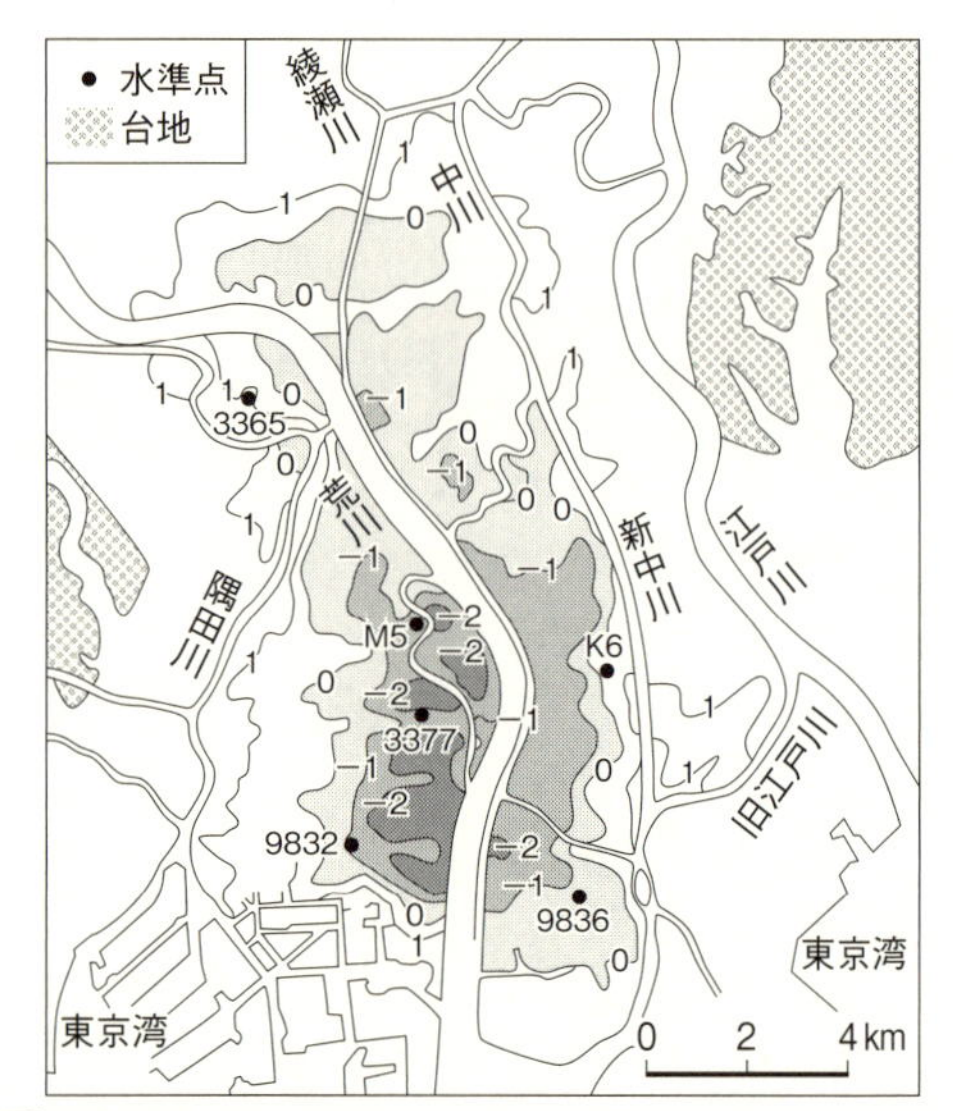

図4.2.6 **東京低地の地盤高**（松田2000原図，貝塚ほか編『日本の地形4 関東・伊豆小笠原』東京大学出版会より改変）

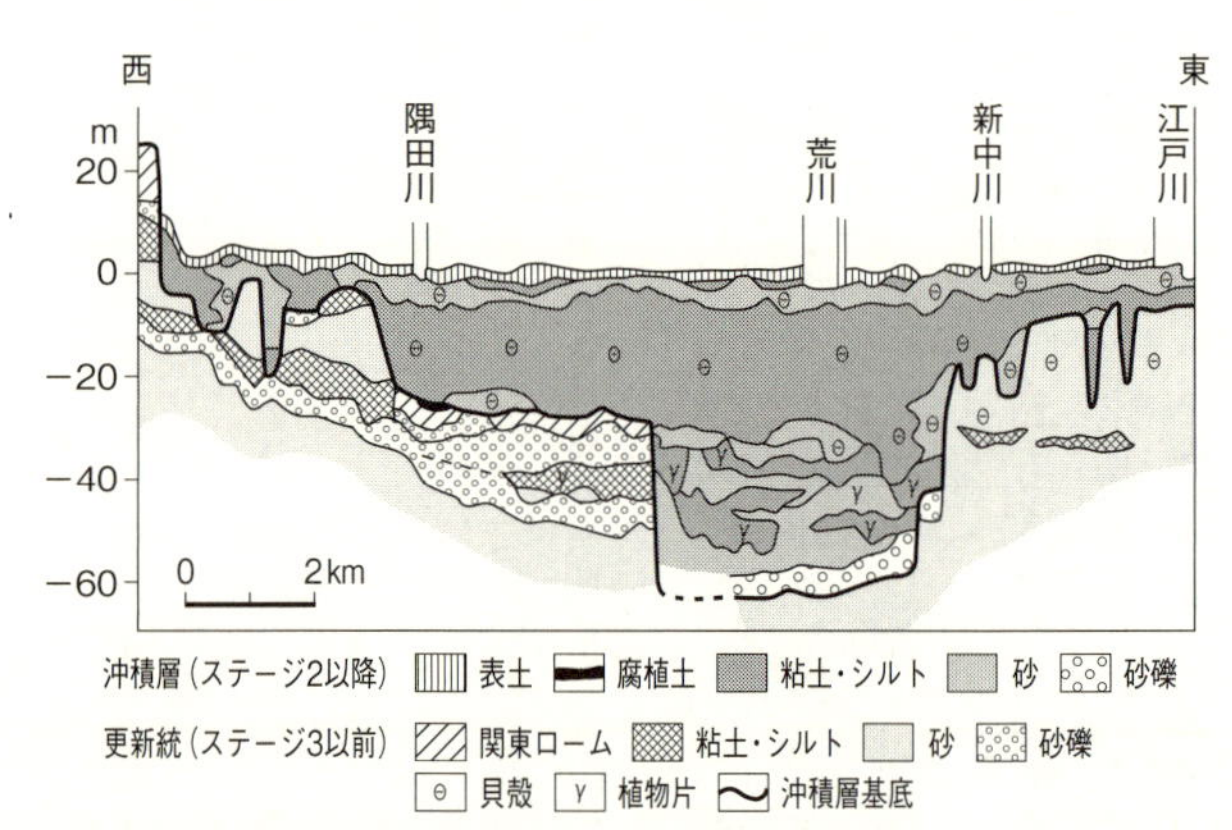

図4.2.7 **東京低地の地質断面**（松田磐余『対話で学ぶ 江戸東京・横浜の地形』之潮より改変）

勾配で砂礫を運んでいたのが、海水準が低かった氷期の河川です。東京低地の地下には約2万年前の氷期の谷地形があり、そこへ縄文海進にともなって海が入り込み、軟弱な砂泥層が堆積したというわけです。

東京低地にビルを建てるときは、軟弱な地層の下の砂礫層や硬い地層（支持層と呼ばれます）まで杭を打つ必要があります。しかし明治時代以降、さらに下位の地層から地下水を汲み上げて使っていたために、地下の地層が収縮して地盤沈下が起きました。東京低地の南部では、地下水汲み上げのために累計4メートル以上も地盤が下がってしまったところがあります。そのまま放置すると海抜よりも低いために海水が流入してしまうので、堤防で取り囲み守っているのが「ゼロメートル地帯」なのです。

4・3 天下の険、箱根火山

足柄路と箱根路

伊豆半島の北東部には、火山がいくつも並んでいます。南側から宇佐美火山、多賀火山、湯河原火山、箱根火山と北へつながっており、南の宇佐美火山が最も古く、北へ行くにしたがって新しくなります。この中では箱根火山が最も新しい火山です。

この火山列は、東京と大阪や京都を結ぶ「東海道」と交差します。太平洋岸を東西に移動するとき、この1000メートル級の火山群は海からそそり立つ壁のように大きな障害となります。

古代には、箱根火山の北側にある足柄峠を迂回する、「矢倉沢往還」とも呼ばれる「足柄路」が使われていました。古事記や万葉集にこの路に関する記述が残っています。しかし、800年から802年の富士山「延暦噴火」の頃、何らかの理由でこの足柄路が通行不能になったため、箱根火山を通る、急峻だが距離の短い「箱根路」が開設されました。足柄路はその後復旧し、再び人々が往来するようになります（図4・3・1）。

平安時代、菅原孝標の娘が書いた『更級日記』には、1020年に父とともに関東の赴任地

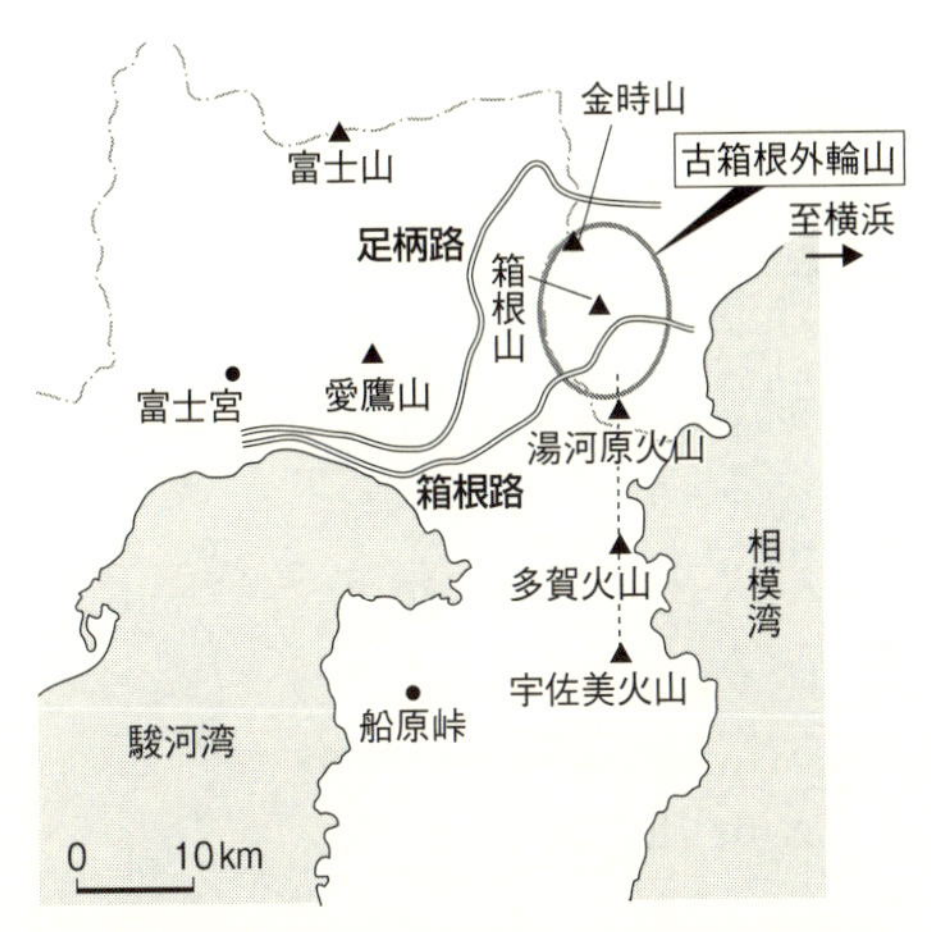

図4.3.1　伊豆半島北東部の4つの火山と足柄路、箱根路

から京都へ帰る旅の記述があり、その中で「足柄山は麓でさえも木が茂って薄暗く、空もはっきりと見えず不気味であった」「(頂上付近では) 雲が足下にあるようだった」とあります。箱根路が再び主要な幹線となったのは、徳川家康が江戸に幕府を開き、「東海道」「中山道」「日光街道」「奥州街道」「甲州街道」の五街道を整備してからのことです。

明治に入ると鉄道の線路が建設されますが、当時は急坂となる箱根路を通ることができず、またしても伊豆半島の火山列に阻まれるかたちで大きく迂回ルートをとらざるをえませんでした。酒匂(さかわ)川とその上流の鮎沢川沿いに足柄山地を抜けて御殿場へ続く現在のＪＲ御殿場線が、そのルートにあたります。その後昭和になってから、火山列を貫いて熱海と三島を結ぶ「丹那(たんな)

トンネル」が開通し、より短距離、短時間で移動できるようになりました。

カルデラ火山

箱根火山はカルデラ火山です。「カルデラ」とは、一気に大量のマグマが地下から噴出されると、山体が陥没してできるくぼみのことです。このカルデラを持つ火山を「カルデラ火山」と呼びます。

カルデラが作られるような噴火は大規模で、地形の変化だけでなく、大量の火山噴出物を大気圏に放出して地球規模の気候変動を引き起こします。国内では他に北海道の支笏や熊本県の阿蘇、鹿児島県の姶良（あいら）などのカルデラがあります（南九州の火山については第8章で詳述）。

火山には寿命があります。ハワイのような、プレート境界とは異なる場所に火山島としてできるタイプでは、その寿命は数百万年近くとされています。一方で日本のように、プレートの沈み込んでいる場所にできるタイプの火山の多くは、数十万年程度の寿命と考えられています。

火山の一生のモデルは次のようになります。①まずサラサラ（低粘性）で高温の玄武岩質マグマを噴出し、富士山のような成層火山（複数回の噴火が積み重なってできた円錐状の火山）を形成します。②その後、安山岩質や流紋岩質などのドロドロ（高粘性）のマグマ噴出により、火砕流を発生させる爆発的な噴火を起こし、カルデラを形成します。③カルデラの中に小さな火山えられています。

（中央火口丘）群ができるようになります。こうして④活動を終える、というのが一般的だと考

箱根火山は、約65万年前に活動を始めた老齢の火山で、現在は活動終盤の段階にあたる中央火口丘の活動を続けています。裾野は円錐型火山で、中央部が広くへこんでおり、その中にいくつもの小型の火山が配置された形をしたこの火山は、じつはカルデラ形成と火砕流の噴出が繰り返された複雑な歴史を持っていることが分かりました（図4・3・2、図4・3・3）。

約65万年前に玄武岩質マグマを出す火山活動を始めた当時の箱根火山は、これまで富士山のような成層火山であったと考えられていました。ところが、中央火口丘を取り囲む外側の山の連なりである「外輪山」の最近の調査で、新たな事実が明らかになったのです。

通常成層火山では、中央の山頂に向かうような成層構造が形成されるのに対し、箱根の外輪山では逆にカルデラ側に向かって、下向きに傾斜する成層構造が何ヵ所も確認されました。また外輪山の溶岩形成時期がばらついて幅があることから、元々は峰をいくつも持つ、火山の集合であったと考えられるのです。外輪山の北西部にある金時山は、そのような火山群のひとつです。

中期更新世の中頃、約25万年前には、サラサラの玄武岩質のマグマから、爆発性の高い安山岩ないしは流紋岩質のマグマに変わりました。箱根火山に最初にカルデラが形成されたのもこの時期です。この時期のカルデラを「古期カルデラ」、その縁部分を「古期外輪山」と呼んでいま

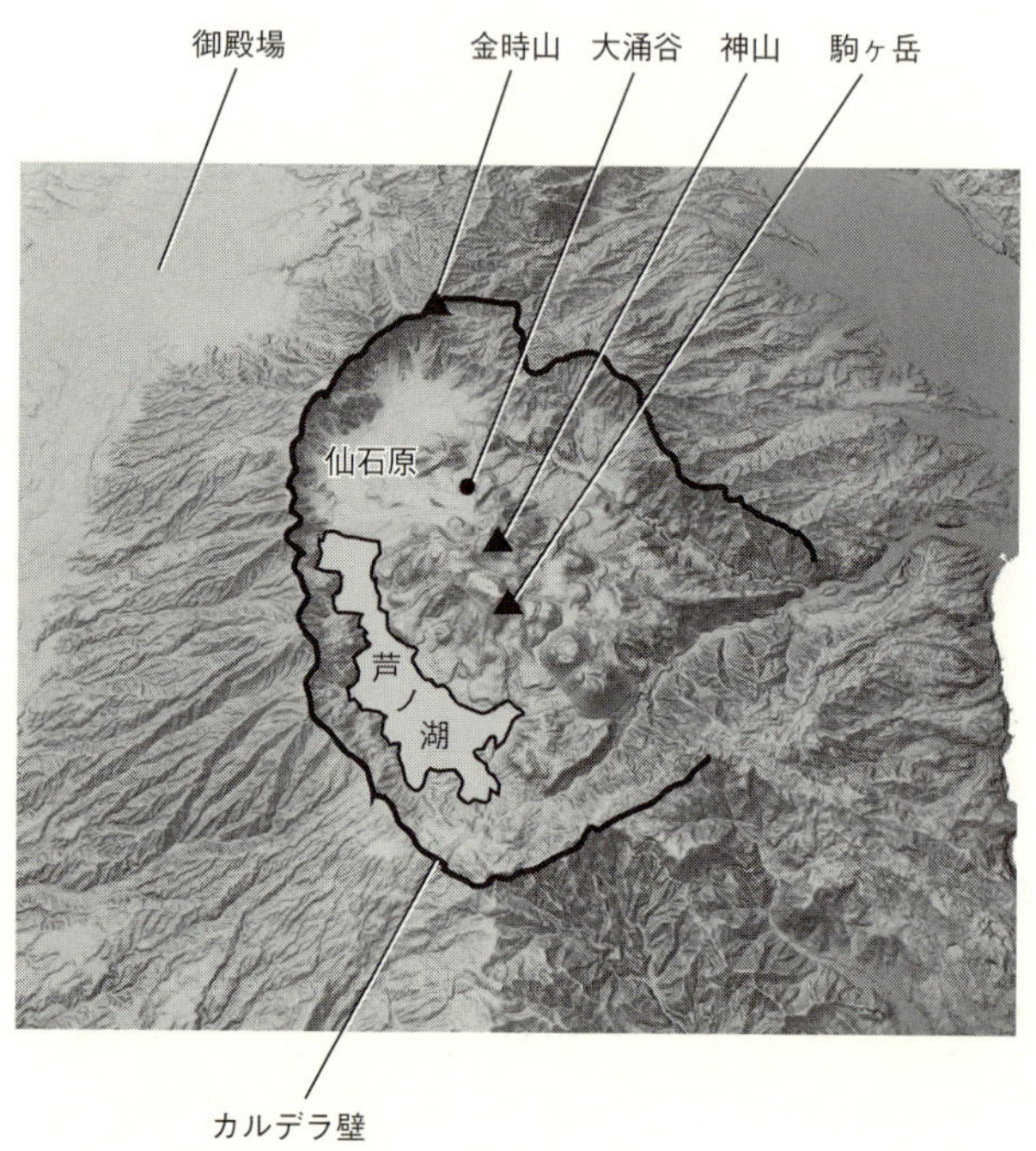

図4.3.2 箱根火山の3Dマップ

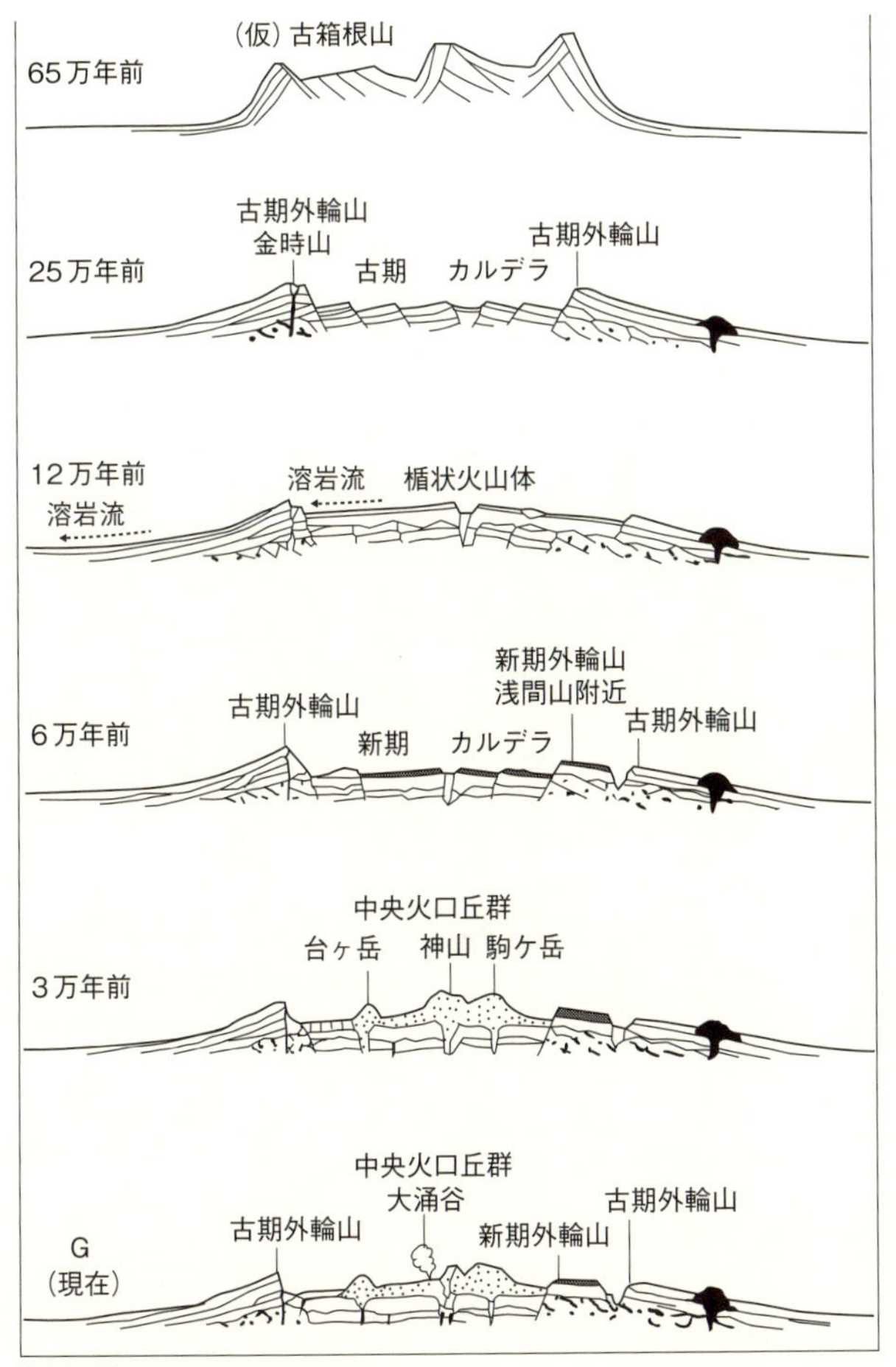

図4.3.3　箱根火山の変遷

もともとは峰をいくつも持つ火山の集合体であったものが、古期カルデラが形成され、溶岩によって埋められた後、新期カルデラが形成された。その後、中央火口丘の活動が始まり、神山が崩壊して大涌谷ができた。

(久野久1952『7万5千分の1地質図「熱海」説明書』地質調査所より改変)

す。その後、中期更新世末の23万年前～12万年前には、古期カルデラ内にある鷹巣山（たかのすやま）と浅間山（せんげんやま）の噴火活動によって溶岩が流れ出し、古期カルデラが埋められました。

芦ノ湖は、このあと説明するようにカルデラにできた湖ですが、じつはこの時代、古期カルデラ内に今の芦ノ湖と同じような湖があったと考えられます。後に埋まって消失してしまいますが、この湖を「先芦ノ湖」と呼んでいます。現在の芦ノ湖南部地域に、この湖の堆積層が見つかっています。

箱根新期軽石流と芦ノ湖の誕生

6万年前、古期カルデラの中で、軽石を噴出する大規模で激しいプリニアン噴火が起こり、最後のカルデラが形成されました（火山の噴火様式の詳細は第5章富士山の項参照）。これを「新期カルデラ」と呼んでいます。

噴出した軽石を含む火砕流「箱根新期軽石流」が、古期カルデラを刻む早川の谷やカルデラ壁を乗り越えて周囲に流出しました。この火砕流は箱根火山の裾野の部分に堆積し、丘陵や台地を作りました。それぞれ約40キロメートル離れた、南側は達磨（だるま）山の船原（ふなばら）峠、西側は富士宮まで到達したことが分かっています。

この時期は、富士山の高さも裾野の広がりも今ほど大きくありませんでした。そのため富士山の南麓に位置する愛鷹山(あしたかやま)との間に谷のような隙間があり、そこを火砕流が通って富士宮まで流出したのではないかと考えられています。またこれとは別に、東には50キロメートル以上離れた横浜市のエリアまで流れついたという報告もあります。

　新期カルデラの形成後、カルデラ内部で中央火口丘の活動が始まりました。中央火口丘には神山、駒ヶ岳、台ヶ岳などそれぞれ名前がついています。駒ヶ岳、台ヶ岳などは「溶岩ドーム」という釣鐘(つりがね)のような形をしています。二子山は2つピークを持つ中央火口丘です。これらが数回、小規模なプリニアン噴火をして軽石を噴出したことが分かっています。

　カルデラ内の低い部分には水が溜まり、「古芦ノ湖」が新たに形成されました。現在の芦ノ湖湖底のボーリング調査では、3万年前にはすでに古芦ノ湖が存在していたことが分かっています。またその時期から湖の縮小が起きていたようです。

　地層は連続的に上に溜まっていくため、湖底堆積物の地層から湖の歴史を知ることができます。面白いことに湖北部分では、湖底堆積物の層が一部欠落していました。現在は湖底であるにもかかわらず堆積物の地層がないということは、干上がって陸地になった時期がある、つまり湖が縮小したことがあると考えられるわけです。

　溶岩ドームが多くを占める中央火口丘の中で、神山は唯一の成層火山でした。これが3000年前、噴火により大崩壊します。崩壊した岩屑(がんせつ)は西側へ流れ込み、カルデラの底を埋め、古芦ノ湖を南北に分断しました。分断された北側の湖は干上がって、現在は仙石原という湿地になっています（図４・３・２）。南側の湖は逆に拡大し、一時縮小して陸地になっていたところも再び湖になりました。

現在、大涌谷（おおわくだに）と呼ばれる場所が、この神山の崩壊した跡です。後に火山ガスや水蒸気の噴出口が形成されました。箱根のお土産として有名な、殻が真っ黒になったゆで卵「黒たまご」はこの蒸気で作られています。大涌谷の南には尖ったピークを持つ現在の冠ヶ岳があります。これは、火山体の斜面が崩壊してなくなり、マグマが通る火道だけが残ったものなのです。これを「溶岩岩栓（がんせん）」と呼びますが、非常に特殊な地形です。大涌谷から、ろうそくのように尖っている姿を見ることができます。同時期に崩れた地層がカルデラを埋めて作った高まりには、ゴルフ場や別荘地が建設されています。

火山との共存

箱根は日本有数の観光地であり、１年間に３０００万人近くの人が訪れます。ところが２０１５年、大涌谷周辺の火山活動が活発化し、６月には火砕流をともなう小規模な噴火が起きたため、大涌谷への立ち入りが一時的に制限されました。そのため箱根全体の観光客が１割ほど減少し、観光に頼るこの地域経済は大打撃を受けました。

この噴火は、３０００年前の神山噴火後初めての明確な火山活動であるとされています。しかし、大涌谷は常に水蒸気の噴煙をもくもく噴き出しているようなところです。筆者が２０１６年1月に調査した際には、外からは谷の中がまったく見えないほど大量の噴煙が出ていました。７月にはこの噴煙はだいぶ収まり、ロープウェイの運行が再開され、活気が戻りつつあるのが見て取れました。

この箱根山噴火の前年、２０１４年9月27日には、長野・岐阜県境の御嶽山（おんたけさん）で噴火がありました。非常に小さな水蒸気爆発だったのですが、58人もの方が亡くなり5人の方が行方不明という、近年まれに見る大災害となりました。これは、噴火が秋の紅葉シーズンの土曜日、しかも登山客の多くが山頂に集まっているお昼時と重なったのが一因です。仮に違う曜日や時間帯であれば、もっと犠牲者は少なかったはずです。

火山は、噴火をすると確かに大きな被害を生み、恐ろしいものです。しかし一方でメリットもあります。温泉や地熱、火山が爆発した後にできるダイナミックで美しい景色は日常生活を豊かにしたり、観光地を作り出したりします。これらのメリットが人々を生かしているということも事実です。自然災害の危険性を認識するとともに、私たちがその恩恵を受けていることも忘れてはなりません。

4◆4 御殿場泥流と足柄平野

世界に類を見ない足柄平野

東京駅から東海道新幹線に乗って西に向かうとき、新横浜を経て10分ほど走ると、景色は見晴らしの良い低地から、切り通しやトンネルのある丘陵地域に変わります。そして少し長い曽我山（そがやま）のトンネルを抜けると、また急に見晴らしが良くなり、眼下に平野が広がります。これが足柄（あしがら）平野で、小田原市街地はこの平野の南西端に位置しています。

足柄平野は、富士山東麓と丹沢山地に源を発し相模湾に注ぐ酒匂（さかわ）川の下流部に広がっています。平野の西側は箱根火山、北側は足柄・丹沢山地、東側は大磯丘陵にそれぞれ囲まれ、東西4キロメートル、南北8キロメートルの四角形をした平野です（図4・4・1、図4・4・2）。平野の東と北の縁は直線的ですが、これは日本で最大級の活断層である国府津（こうづ）・松田断層が、平野の縁を限っているためです。

車窓からの景色が急に見晴らし良くなるのは、新幹線が足柄平野と大磯丘陵を分ける国府津・松田断層の大断層崖を通り抜けるからです。足柄平野は、この活断層が動いたために隆起した東

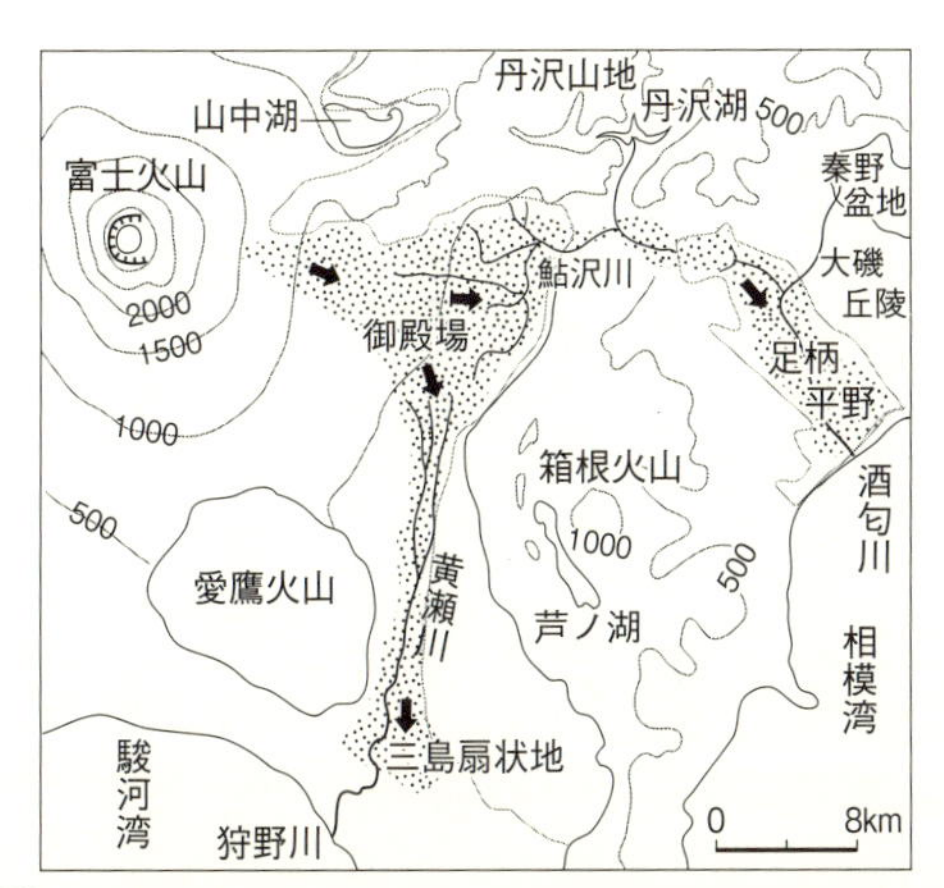

図4.4.1　**足柄平野と富士山周辺の地形概要と御殿場泥流の流下（矢印）**（町田1992原図，町田ほか編『日本の地形5　中部』東京大学出版会より改変）

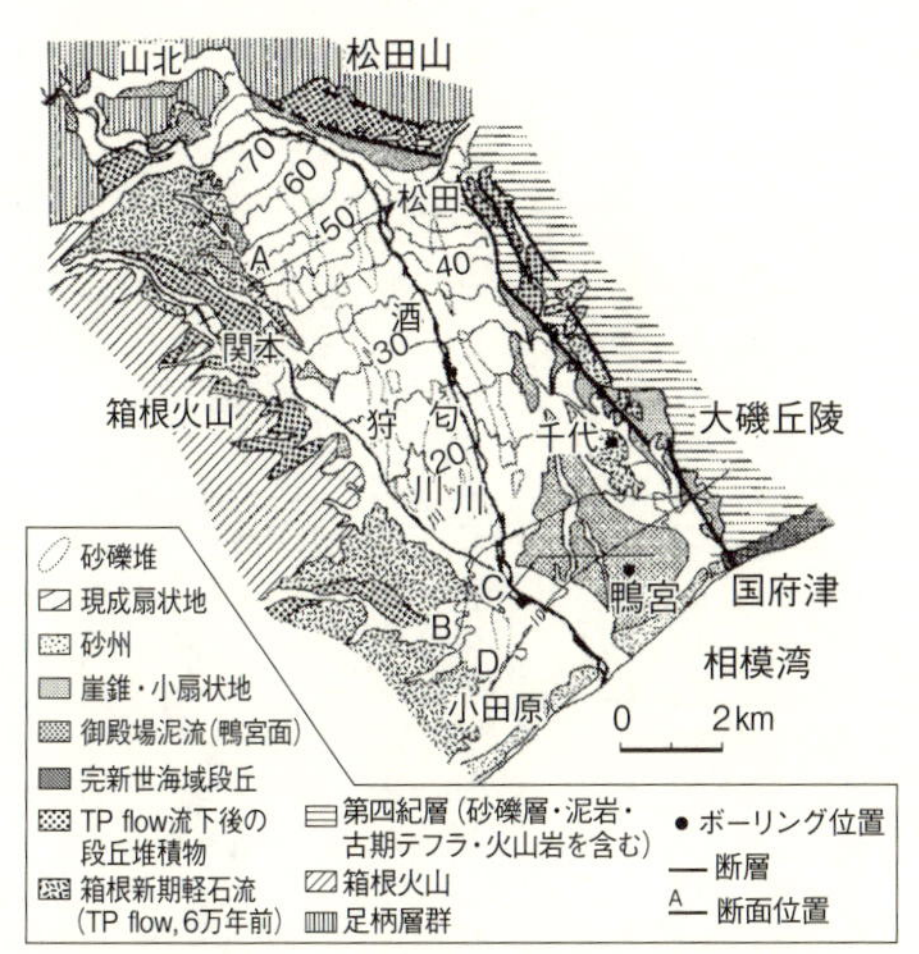

図4.4.2　**足柄平野の地形**（山崎晴雄「開成町とその周辺の地形地質」，『開成町史自然編』神奈川県足柄上郡開成町より）

側の大磯丘陵や北側の丹沢山地と、西側の箱根火山との間に生じた凹地なのです。この平野はまた、相模湾の中にあるプレート沈み込み境界である相模トラフの陸上延長部でもあります。足柄平野は、海から陸上に延びるプレート沈み込み境界（相模トラフ）が、酒匂川が丹沢山地や富士山から運んできた土砂で埋め立てられた、世界的に見ても極めて特異な平野なのです。

河口の円礫層と台地の黒い砂

新幹線ではスピードが速すぎて気がつかないかもしれませんが、在来の東海道本線に乗って河口に近い酒匂川鉄橋を渡るとき、河原をよく見てください。丸い礫が多数認められるはずです。河口付近まで礫が流れてくるということは、本来山麓にできる扇状地が平野の下流部まで拡大しているためで、このような平野は「扇状地性平野」と呼ばれています。

東海道沿線で酒匂川より西側の富士川、安倍川、大井川、天竜川等の下流域は、いずれも河口まで礫が流れてくる扇状地性平野です。これは、これらの河川が中部山岳地域に大きな流域を持つ急勾配河川で、大量の砂や礫を海に送り出しているからです。

ところが足柄平野だけは、扇状地性平野となった理由が他の平野とは異なります。足柄平野は、縄文時代の末にこの地域で演じられた壮大な地学ドラマ（環境変動）の結果できたものなのです。

平野を埋める堆積物は、現在の姿からはとても想像できない、過去の劇的な環境変化を物語ってくれます。足柄平野の場合、その手がかりになるのは南東部に広がる鴨宮台地に分布する黒い砂層です。これは建築工事などで地面を掘ると地下1メートルほどに現れます。砂時計に使えるような細粒で粒の揃った、厚さ数十センチメートル～1メートル程度の黒から紫色をした玄武岩質の砂の層です。

これを上流側に追跡していくと、箱根火山の麓に広がる関本丘陵の東縁部、怒田付近でも同じものが認められます。ただし、砂の粒径は粗くなり地層の厚さも増します。調査したところ、現在の平野よりも10～15メートル高いところまで分布していました。

さらに酒匂川を遡っていくと、山北以西の段丘で、ローム層を覆ってこの砂層が載っているのがあちこちに認められました。上流に向かうほど、砂は粗く不揃いになり、礫がたくさん入ってくるようになります。このことから、上流側で何か土砂崩れのようなことが起きて大量の崩壊物が酒匂川に流れ込み、それが下流に流されていく過程で徐々に細かくなり粒が揃っていったことが推測されます。

御殿場泥流と富士山大崩壊

この砂礫層は山北火山砂礫層と呼ばれ、上流へたどっていくと富士山東麓の御殿場にたどり着

きます。玄武岩の砂礫は、富士山から流れてきたものだったのです。御殿場の西には富士山の広大な山麓斜面（裾野）が広がっています。

ここをよく見ると、河川によって作られた山麓扇状地とは異なる特徴があります。古墳のような丸いマウンド（小山）がいくつもあります。小山の断面には、粗い玄武岩の礫が乱雑に堆積しているのが認められます。これは「泥流丘（流れ山）」と呼ばれるもので、富士山の東側斜面で大きな山体崩壊が生じたため、そこから岩なだれとなって流れてきた崩壊物のとくに大きなブロックにあたるものなのです。つまり、この泥流丘が分布する御殿場付近の山麓斜面は、かつて富士山で発生した大崩壊の堆積物に覆われていたのです。東京都立大学（現首都大学東京）の町田洋氏によって、この堆積物は「御殿場泥流」と名付けられました。

この大崩壊の発生時期は、泥流の下に埋もれている火山灰層と考古遺跡の年代などから縄文晩期末から弥生時代にかけて、2900年前と推定されます。この泥流は御殿場付近で二手に分かれ、ひとつは東へ流れて酒匂川沿いに足柄平野に下り、もうひとつは南に流れて箱根山と愛鷹山の間の黄瀬川の谷に入って三島扇状地まで達しています。このような広域にわたる分布をもとに、この崩壊の総量（体積）は3立方キロメートルと推定されています。

以前は、大崩壊後に起こった山頂噴火で崩壊跡は急速に埋められてしまったと考えられていました。ところが、その後の宮地道直氏などの研究で、御殿場泥流の構成物は現在の山体を作っている新富士火山の溶岩ではなく、それに覆われて今は見えない、より古い古富士火山（第５章５・１参照）の岩石であることがわかってきました。すると、この泥流堆積物は、崩壊時に埋め残されて新富士火山の外に顔を出していた古富士火山の山体が崩壊し、流れて来たものと考えられます。このことは、２９００年前までは富士山の山頂部付近には新富士火山とそれに埋め残された古富士火山のピークがあったことを示しています。つまり、富士山は２つの峰を持つツインピークスだったと考えられるのです。均衡の取れた現在の富士山の山容は、古富士火山の出っ張りが崩壊によってそぎ落とされて作られたものだったのです。当時、富士山の周辺に生活していた人々は、このような劇的な山容の変化を目撃していたに違いありません。

黒い砂が語る足柄平野の地形変化

黒い砂層が語ることはこれだけではありません。足柄平野に戻って地下断面を見てみましょう。図４・４・３は、平野北部の松田と関本丘陵間の地下断面です。平野の直下には厚さ10メートルほどの河成礫が堆積していますが、さらにその下には厚さ10メートル以上の黒色砂礫層が認められます。図の左端では、これは関本丘陵の端にある泥流堆積物とつながっているので、御殿場泥流堆積物と考えられます。

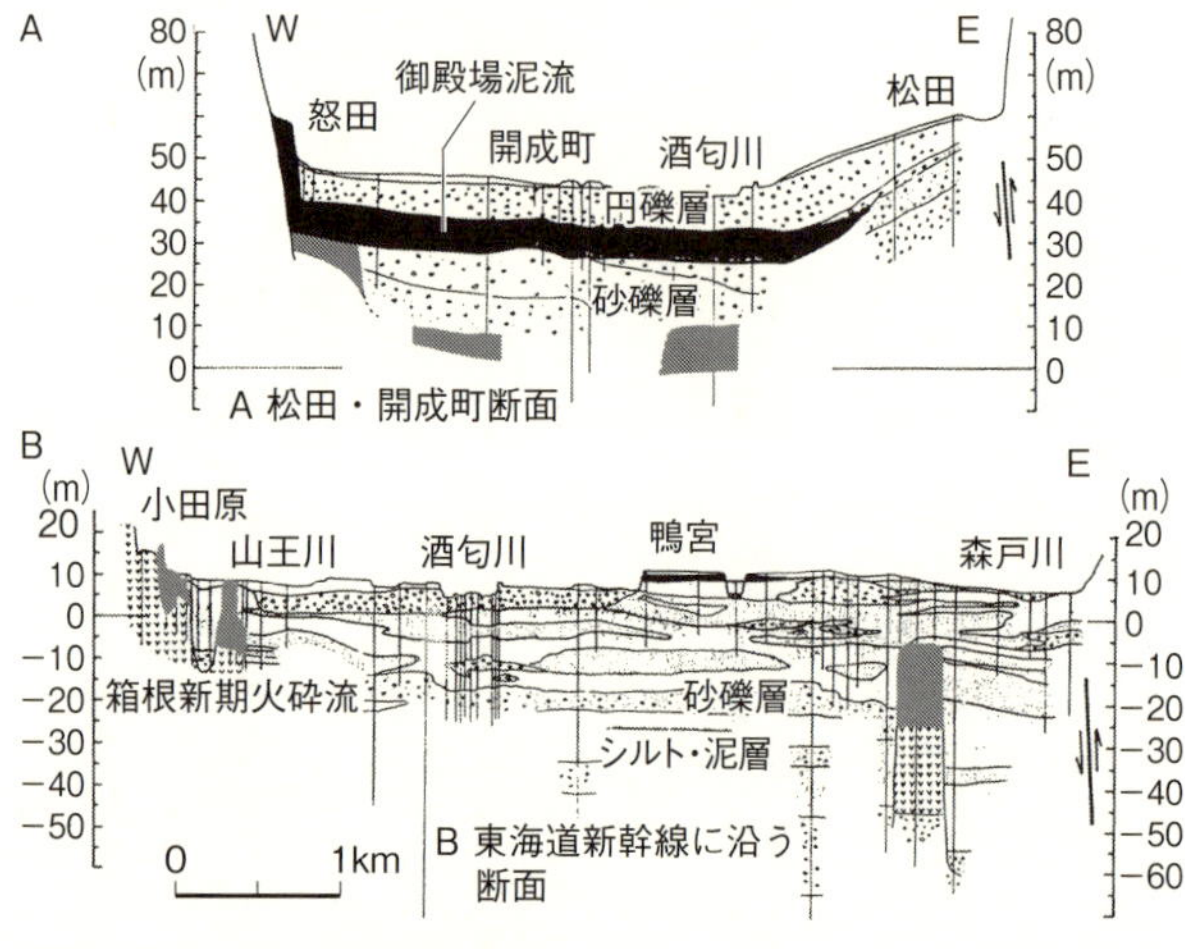

図4.4.3 **足柄平野の地質断面**（山崎晴雄「開成町とその周辺の地形地質」より）

（上）北部、松田ー関本丘陵間、（下）南部新幹線沿い。

この図からは、平野北部では泥流流下前の当時の扇状地面は現在より20メートルほど低く、富士山から流れてきた泥流がそこを30メートル以上の厚さで埋め、酒匂川の河床高度を一時的に大幅に高めたと考えられます。その後、洪水のたびに、丹沢からの礫が徐々に泥流堆積物に置き換わり、河床は次第に下がって現在に至っていると読み取れます。

しかし、２９００年前に比べて、現在の足柄平野北部の高度はまだ20メートルほど高いままです。酒匂川は相模湾に注ぎ、海水準は当時とそう大きく変わっていないなかで、平野北部での河床高度が高まったということは、平野内で河川勾配が急になったことを示しています。勾配が急になれば、砂礫の供給量などの他の条件が変わらなくても、砂礫は遠方まで運ばれます。つまり、弥生時代以降、河床勾配が増したため扇状地は下流側に広がっていったのです。東海道線の鉄橋の下に見られた丸い礫は、このような理由で河口まで達していたのです。

扇状地の前進は平野下流部の、東海道新幹線に沿う地質断面からもうかがえます。この図の東半分は鴨宮台地の断面で、最上部の御殿場泥流の下は細粒な砂層や泥質層で構成されています。一方、西半分は現在の酒匂川に沿う低地で、地表直下は砂礫層で構成されています。

つまり、平野下流部のこれらの地域は、御殿場泥流流下以前には砂や泥が堆積する低湿地でしたが、泥流堆積物に覆われた後、扇状地が上流から下流に前進してきました。東半分は少し隆起して段丘（鴨宮台地）となりましたが、酒匂川本流が流れていた西半分では河床を削りながら礫が堆積するようになったのです。平野の中には千代台地等の古い段丘を除いて縄文時代の遺跡が分布しないことも、弥生時代以降、足柄平野が扇状地に広く覆われるようになったことで説明できます。

ふだん我々が気に留めない鉄橋の下の丸い礫や鴨宮台地の黒い砂は、足柄平野にこのような火山と平野の複雑なドラマがあったことを語りかけてくれるのです。

第5章

中部

map data : SRTM 90m Digital Elevation Database v4.1

５◆１　富士山はどうして美しいのか

富士山はどうしてできたか

富士山は非常に美しい山ですが、その美しさの正体はいったい何でしょうか。火山には、盾を伏せたような形のひとつは、均衡のとれた円錐形をした独立峰だということです。火山には、盾を伏せたような形の「楯状火山」、お椀を伏せたような形の「溶岩ドーム（溶岩円頂丘）」などの形がありますが、富士山は、紐や鎖などの両端を持ってたらしたときにできる「カテナリー曲線」と呼ばれる曲線状の斜面を持った「成層火山」という形に分類されます（図５・１・１）。平安時代にはどこから見ても美しい山なので「八面玲瓏（はちめんれいろう）の富士の山」と呼ばれていました。

もうひとつは、山裾の斜面に谷がなく、非常に滑らかであるということです。周囲の５つの湖が富士山の姿を映し出したりするのも、美しさの要素のひとつかもしれません。多くの画家が題材にし、写真愛好家のかっこうの被写体でもあります。

また日本一高い山で、標高は３７７６メートルあります。２位の南アルプス北岳（きただけ）の３１９３メートルと比べても６００メートルの差があります。その裾野の面積も日本一で、沖縄本島とほぼ

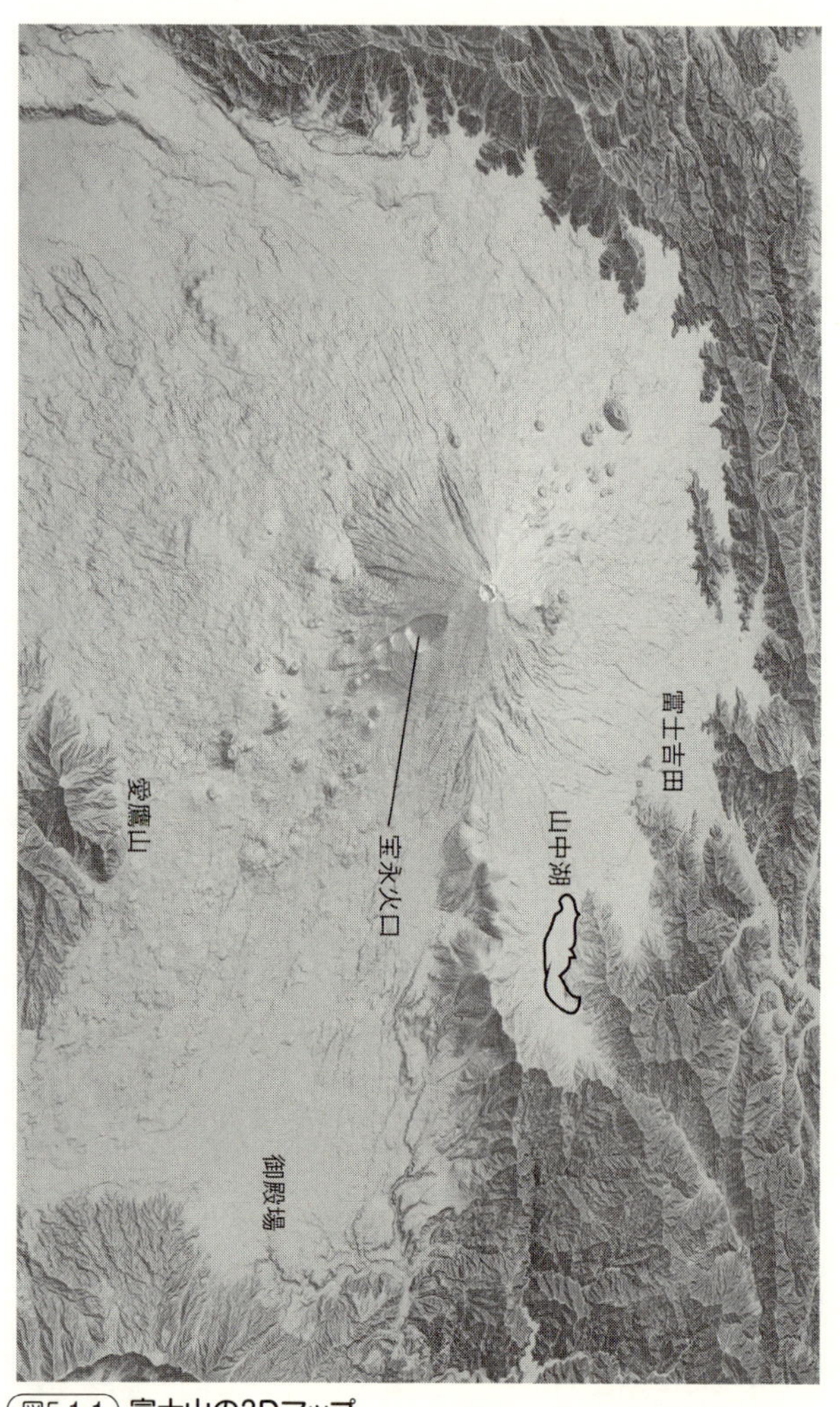

図5.1.1 富士山の3Dマップ

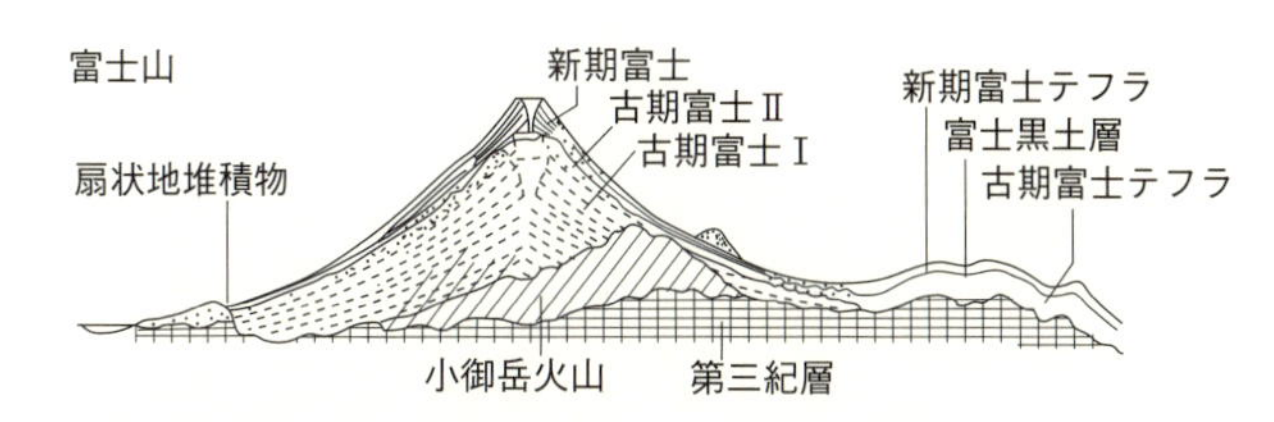

図5.1.2 **富士山の断面図**（町田1977原図，町田ほか編『日本の地形5　中部』東京大学出版会より改変）
小御岳の上に古富士、新富士の層が重なってできた。

等しい１２００平方キロメートルにも及びます。

では、どのようにして富士山はできたのでしょう。その歴史は、富士山から噴出されたものを調べると分かります。周辺の地域の地層に含まれる火山灰などから、その活動開始時期を分析すると、およそ10万年前だと推測できます。富士山由来の火山灰として最古と考えられるものが、10万年前に作られた川の段丘の堆積物の上などに見つかっているからです。

それ以前にも、現在の富士山の位置に小御岳（こみたけ）という火山がありました（図５・１・２）。その上に、10万年前頃から古富士火山という火山が火山活動を始め、スコリアと呼ばれる黒い軽石や火山灰、玄武岩溶岩などを大量に噴出しました。マグマが発泡するとスコリアや白い軽石ができますが、玄武岩質マグマの火山ではスコリアができます。

噴火のあと雨が降ると、噴出物を下流へ押し流す泥流が発生します。この繰り返しによって泥流が下流に広がり、現在富士山のある一帯に広い扇状地ができました。この時点で、現在の富士山と似たような山容はできていたと考えられます。

古富士から新富士へ

10万年前に姿を現した富士山ですが、現在の富士とは異なるということで「古富士」と呼ばれています。1万7000年前から、古富士から現在の富士「新富士」への移行期が始まります。この時期には、古富士と異なる性質を持つマグマが流出しました。溶岩を観察すると、黒っぽい地（石基）に長石の白っぽい大きな斑晶が多く含まれています。麦飯の粒と似ているので「麦飯石」と呼ばれたりもします。それ以降、1万1000年ほど前までは、古富士の爆発的な噴火と、新富士の溶岩をダラダラ流すような噴火が共存する時代が続きました。

かつて研究者の間で、新富士は1万1000年前から始まったと考えられていました。ところが溶岩の年代測定をすると、それ以前に新富士の痕跡が見つかりました。そこで、古富士から新富士へ移り変わる過程で、両者の共存時代として6000年ほどの移行期間があったと今では考えられています。

この移行期終盤あたりでは時々、爆発的な噴火で軽石や火砕流を出すような噴火「プリニアン噴火（プリニー式噴火ともいう）」（図5・1・3）があったことが分かっています。スコリアがその時代の地層に含まれているからです。

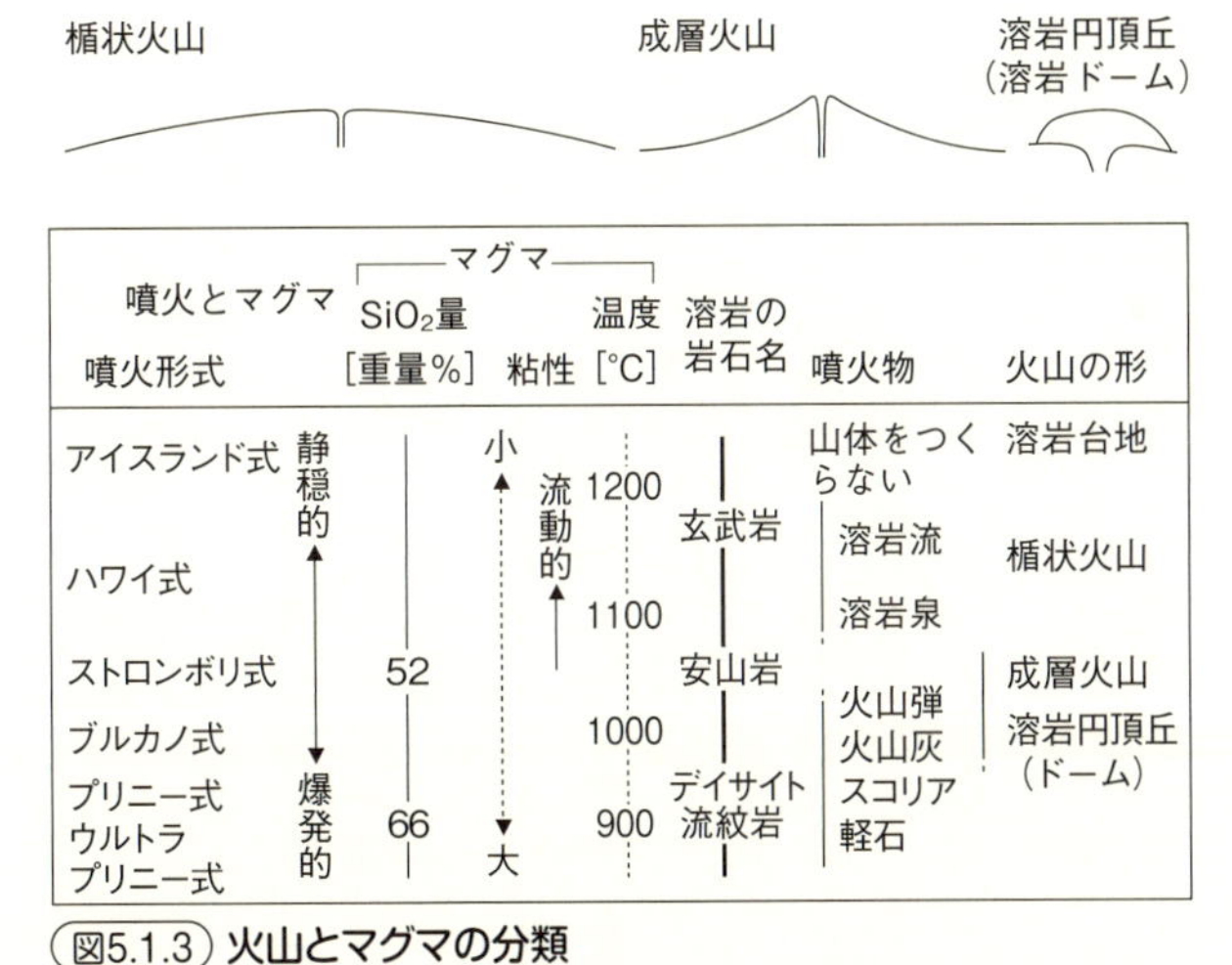

図5.1.3 **火山とマグマの分類**
富士山は「玄武岩質マグマ」を噴出する「成層火山」である。

大量に噴出された溶岩の一部は30キロメートルほど離れた駿河湾まで到達しました。武蔵野台地や相模原では、スコリアなどではなく細かい火山灰が降ったので、黒土（クロボク）がよく発達して肥沃な土壌になりました。

外国の例として、紀元79年にイタリアのヴェスヴィオ火山がプリニアン噴火をし、ポンペイという街を火砕流が襲い、数千人の人が亡くなったという記録が残っています。日本では最近こんな大きな噴火はないですね。桜島は、もっと小規模なブルカノ式噴火をします。

大きな出来事としては、縄文時代の終わりの約2900年前に、現在の御殿場側にあたる富士山の東側斜面で噴火が発生し、それによって大きな山体崩壊が起きました。山の8合目もしくは9合目から頂上までが吹っ飛ぶほどの規模だったと考えられています。

そのときに発生した泥流は「御殿場泥流」として、南は黄瀬川に入り駿河湾の奥の三島周辺、東は酒匂川に入り、相模湾奥の足柄平野にまで届きました。第4章で紹介した足柄平野は、この泥流によって最大30〜40メートルほど埋まってしまい、非常に大きな噴火であったことが分かります。海沿いに鴨宮（かものみや）という台地がありますが、その台地にも泥流は地層として残っているので、海まで流れたことは間違いありません。

足柄平野にも縄文時代にはすでに人が住んでいたと考えられますが、そのころの遺跡は御殿場泥流が埋めてしまったため見つけることはできません。今はその上に街があるわけです。ただ、大規模な噴火ではありましたが、泥流はじわじわと堆積していったはずなので、平野に住んでいた縄文人は他の地域へと逃げることができたと思います。泥流とは水と砂や泥が混じったもので、岩など重いものを浮かせて下流まで流す力がありますが、足柄平野付近は、一度上流に堆積した泥流堆積物が洗い出されて再堆積した二次堆積物です。洪水のたびに少しずつ堆積していったと考えられます。

江戸時代の宝永噴火

江戸時代中期の１７０７年（宝永４年）に、大規模な富士山の噴火「宝永噴火」がありました。噴火の前には、プレート境界の大きな地震が相次いでいます。１７０３年12月に関東地方での「元禄地震」があり、さらに１７０７年10月には、九州から静岡までが震源となる巨大地震「宝永地震」が発生しました。宝永噴火が起きたのは、わずかその49日後です。これは偶然ではなく、巨大地震を起こしたプレート運動と富士山噴火は関係があるのだろうと考えられています。

宝永噴火はプリニアン噴火で、御殿場では噴出物が2メートルも積もりました。これは新富士ができてから最大の噴火でした。１７０７年より前の富士山の噴火は１０８３年ですから、およそ６００年ぶりに大噴火をしたということになります。

この噴火は、もちろん当時の人たちにとっては初めての経験ですが、火山周辺の被害は大きく、人々の生活が激しく変化したようです。火山灰も降ってきましたが、なによりも噴煙が上昇して空を覆うので、空が暗くなってしまい、江戸では昼でも提灯を点けて歩かなければいけませんでした。新井白石が記した随筆『折りたく柴の記』によれば、江戸にもはじめは雪のように白い灰が降り、やがて黒い灰が積もったことや、噴火の音や噴火にともなう雷の光が届いていたことが分かります。

当時、御殿場周辺には畑が多くあったのですが、スコリアが厚く積もったため埋もれてしま

写真5.1.1 富士山宝永噴火で埋没した畑の畝。御殿場市馬見塚の露頭（現在消滅）（撮影・山崎晴雄）

い、まったく使えなくなりました（写真5・1・1）。この地域を治めていた小田原藩主大久保忠増は自主復興をあきらめ、領地を幕府に返上してしまいます。領主に見捨てられた地元の人たちはどうしたかというと、自分の畑に深さ1メートル以上の穴を何メートルも直線状に掘り、そこに火山灰やスコリアを入れて、その上に畑の表土をかぶせるということをしました。これを「天地返し」といいます。噴出物を川に流すと、河床が上がり洪水が起きてしまうので、それを避けるためです。

考古遺跡の発掘の際などに当時の畑の断面を見ると、直線状に何ヵ所もスコリアが埋められているのが観察できます。当時の農民が非常に大変な努力をして耕作地を確保しようとしていたことがうかがわれます。

一方で、酒匂川には上流からスコリアが大量に流れてきたため、河床が上昇してしまいました。河床が高くなれば相対的に堤防は低くなりますから、翌年１７０８年の梅雨時には破堤が起こり、足柄平野で大洪水が起きました。

幕府は各藩に堤防の復旧工事を命じますが、作っては壊れ、作っては壊れを何十年も繰り返したため、足柄平野地域全体が疲弊してしまいました。ちょうどこの頃生まれたのが二宮金次郎です。

彼も子供の頃、洪水で家が被害を受けて貧乏を経験しました。苦労して家を再興し、その後、藩財政再建と復興に取り組みました。初め、小田原で藩の借金を減らすことに成功し、その後認められて、領主が持つあちこちの農村を救済、改革をしていきました。このように、宝永の噴火と二宮金次郎には実は関係があるのです。

富士山はそれから３００年間噴火していません。富士山にしては長い休止期間なので、火山の研究者の間では「富士山はいつ噴火しても不思議はない」と考えられています。噴火しない理由はありません。あと30年以内には南海トラフ地震が起きると考えられますが、それが引き金となり噴火する可能性もあるでしょう。

富士山の地学的背景

フィリピン海プレートとユーラシアプレートの境界に、太平洋プレートが沈み込むことで作られた火山フロントが交差する、世界的に稀な場所に富士山はあります。地球上でこのような地域は他にありません（図5・1・4）。

第1章や第3章でも説明していますが、火山は、プレートが沈み込んで深さ100キロメートルに達した地点の真上にできるため、プレート境界の内側に帯状に火山が並ぶ、火山フロントを形成します。フィリピン海プレートの下に太平洋プレートが沈み込むことでできた伊豆諸島や西之島、硫黄島などの火山がこれにあたります。この北側の延長に富士山があるわけです。

ところがこの場所は同時に、フィリピン海プレートが内陸側のユーラシアプレートに沈み込む場所でもあります。プレートが沈み込んでいるまさに境界からマグマが出てくるという、非常に珍しいことが起きているのです。

普通の火山はだいたい標高が高い基盤の上、おもに山脈の上のような場所にできます。東北や北アルプスの火山がそうです。しかし富士山の直下は、プレートの沈み込み帯になっていて高度は低いのです。そして周囲に高い山地がないため、独立峰として自由に噴出物を出して、裾野を広げることができます。

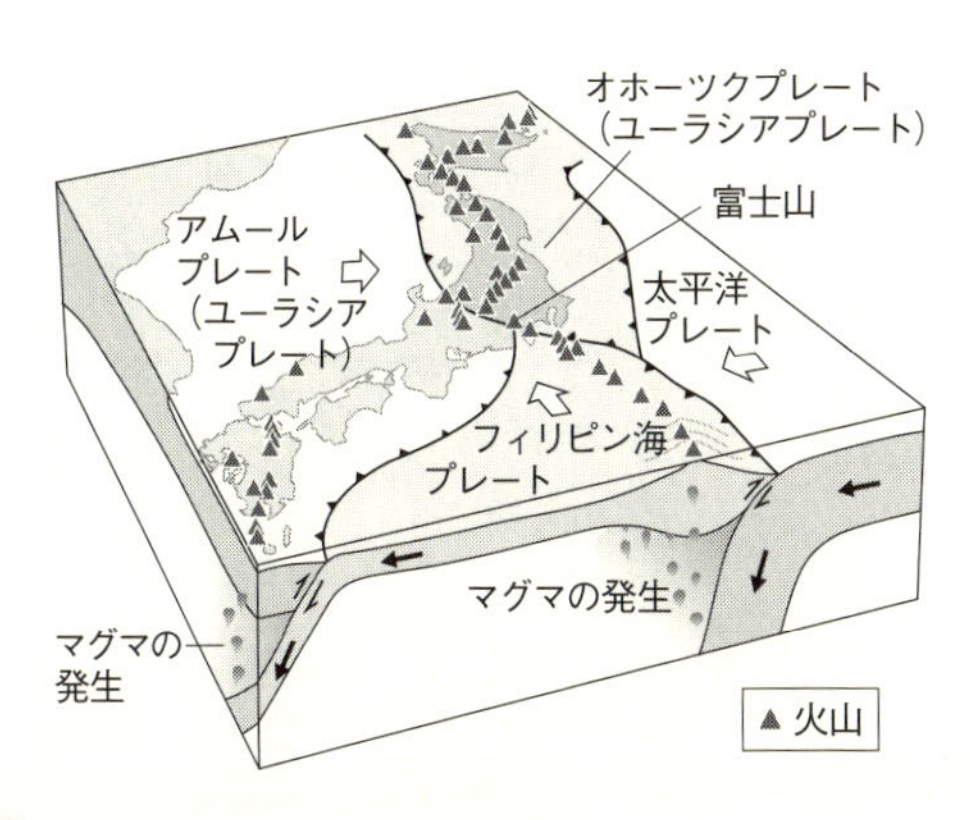

図5.1.4　富士山とプレートの位置関係
三角は火山を示す。富士山はプレートの配置の偶然によって、世界に例を見ない場所にできた。

富士山のマグマは、伊豆大島や三宅島などと同じく玄武岩質のマグマで、これは伊豆・小笠原弧の火山フロントに近い火山で見られます。ハワイ島で溶岩が川のように流れている映像がよくありますが、それがまさに玄武岩質マグマの特徴で、大きな爆発はしません。ハワイ島では、そうした様子をそばで見たり写真に撮ったりすることもできるほどです。富士山のマグマもハワイ島同様、高温で粘り気がありません。そのため、山の頂上から噴出すると滑らかに流れて非常にきれいな斜面をつくり、円錐形の美しい姿を形成します。

マグマは主に、シリカ（二酸化ケイ素、SiO_2）成分の割合で分類されます。シリカ成分が52パーセントより少ないものは「玄武岩質マグマ」、52パーセントから66パーセントの間のものは「安山岩質マグマ」、66パーセントより多いものは「流紋岩質マグマ」と呼ばれます。噴火して地表で溶岩として固まるとそれぞれ、玄武岩、安山岩、流紋岩となります。富士山や伊豆諸島の火山など海に近い火山は玄武岩が多く、一方、箱根など多くの内陸側の火山の溶岩はほとんどが安山岩です。

関東平野を覆う「関東ローム」と呼ばれる土壌は、主に玄武岩質の火山噴出物（スコリア）が堆積し風化したものです。鉄分が多いため、酸化して赤い色をした赤土になっています。たとえば東京の「赤坂」は、関東ロームでできた赤土の坂があったために、そういう地名が付けられたといわれています。

日本各地に「○○富士」と呼ばれる山がありますが、どこから見ても同じ形で美しい富士山のような山はなかなかないのではないでしょうか。その美しさだけでなく、プレート境界と火山フロントの交差点に作られた、地学的にも世界に例を見ないまさに「不二の山」、それが富士山です。しかし、これはダイナミックに変化する46億年の地球史の中では一瞬の姿だということも付け加えておきます。

火山に授けられた官位

先ほど述べたように、シリカ成分が多くなるほどマグマの粘性が増します。粘性が高いと、マグマ中の水蒸気やガスが放出される際に大きな泡ができます。トロトロのカレーを沸騰させたときの様子と同じです。つまり、粘性が高いマグマは大爆発をしやすいのです。
たとえば、伊豆諸島のほとんどに縄文時代から人が定住することができたのは、伊豆諸島火山のマグマが玄武岩質であることがひとつの理由といえます。もし流紋岩質マグマの噴火であれば、大爆発を起こして島民が全滅するような大被害を起こします。実際、伊豆七島の中でも、新島と神津島の火山は流紋岩質マグマを噴出します。

平安時代、この2つの島の火山が爆発したことが分かっています。当時、火山にはそれぞれ神様がいると考えられており、火山が噴火するたびに朝廷がその火山の神様に官位を与えていました。噴火は神様が怒っているからだとして、人が勲章をもらうと嬉しいのと同じで、神様も官位をもらえば喜び、怒りを収めて噴火しないよう努めてくれることを願ったのでしょう。噴火した回数が多い火山ほど高い官位がついています。この時代の朝廷の正史を中心として、日本の火山噴火の記録が詳細に残されているのはこのためです。

たとえば８３８年に神津島が爆発した際、島民は全滅してしまったようですが、隣の新島からの報告により、神津島の神様に「従五位下（じゅごいげ）」という官位が与えられたと記録に残されています。その50年後にこんどは新島が噴火し、そこの島民も全滅してしまいます。しかしそのときは神津島が全滅した後だったため、近隣で目撃できる人がおらず、朝廷に噴火の正式な報告はなかったようです。周辺地域への降灰の記録しか残っていません。

5◆2 日本アルプスと氷河

日本の屋根

日本アルプスは、正確には「飛騨（ひだ）山脈」「木曽（きそ）山脈」「赤石（あかいし）山脈」という名前で呼ばれている山々です。それぞれを「北アルプス」「中央アルプス」「南アルプス」と呼んだり、まとめて「日本の屋根」と呼んだりします。

日本で3000メートルを超える山はいくつかあります。最も高いのは富士山で3776メートル、2014年に噴火した木曽御嶽（おんたけ）山は3067メートルで、この2つは独立した火山です。それ以外の3000メートル以上の山は、すべて日本アルプスに含まれています。

日本で2番目に高い山は、赤石山脈にある北岳（きただけ）で3193メートルあります。そのほか、同じく赤石山脈にある間ノ岳（あいのだけ）（3190メートル）、飛騨山脈にある奥穂高岳（3190メートル）や槍ヶ岳（3180メートル）というように、日本アルプスには3000メートル級の山々が集まっています。

日本アルプスは高山の景観が見られるところです。その美しい風景のため、有名な観光地にも

写真5.2.1 **東側から見た槍ヶ岳・穂高岳**（提供・関秀明氏）

なっています。たとえば長野県の上高地(かみこうち)では、飛騨山脈の槍ヶ岳や穂高連峰と、麓を流れる美しい梓川(あずさがわ)の風景を楽しむことができます。また立山黒部アルペンルート沿いでは、３０００メートル級の山々の作る壮大な風景を眺めることができます。

上高地からは穂高連峰を眺めることができますが、梓川の谷をはさんで東側の蝶ヶ岳付近から撮影した写真を見てみると、槍ヶ岳から穂高岳にかけて険しい山が続いています（写真５・２・１）。右手に槍ヶ岳があって、その間にたくさんのピークがでこぼこと続き、非常に険しい山々が連なっています。

氷河が作った地形

写真の左端に見える穂高連峰の直下に、比較的緩やかにくぼんだ地形があります。これは「涸沢カール」と呼ばれている谷です。右手に見える槍ヶ岳の手前側にも、槍沢という比較的丸い形の谷があります。日本アルプスには険しい山や谷が多いなか、涸沢カールや槍沢などの、アイスクリームをスプーンですくったような丸い形の谷は、まわりの谷とは異なる作用でできたことが明らかです。

普通の川は、谷を下へ下へと削っていくので、断面がアルファベットのV字型の谷を作ります。つまり、水ではこのような丸い、アルファベットのU字型の谷は作られないのです。

槍ヶ岳山頂の直下まで続く谷「槍沢」では、夏の早い時期には窪みに雪が残っているのを見ることができます。かつては、この谷に一年中多量の雪が解けずに積もっていました。雪は圧縮されて氷となり、その氷が少しずつ谷を下り、氷河を形成していました。丸い谷は氷河によって作られたのです。この地形を「カール」と呼びます。

また、氷河に含まれていた岩のかけらが集まって土手のように出っ張った地形を「モレーン」と呼びます。一般に、川の水で流された土砂は、少し角が取れて丸くなっていたり、水の働きで大きさが揃ったりしています。一方でモレーンは、氷河がベルトコンベアのように土砂を運んできて作られたため、角張った岩のかけらや砂や泥がごちゃ混ぜの状態で溜まっています。

立山黒部アルペンルートの室堂から立山連峰を眺めると、3000メートル級の稜線の少し下に丸いお椀のようなカールが見られます。これは「山崎カール」と呼ばれています（写真5・

写真5.2.2 立山の山崎カール（撮影・久保純子）

写真5.2.3 中央アルプス木曽駒ヶ岳の千畳敷カール（撮影・久保純子）

２・２）。明治時代に東京大学の教授であった山崎直方（やまさきなおまさ）が、「立山にかつて氷河があったのではないか」と指摘をしたことから、彼の名前をとって名付けられました。山崎カールは天然記念物になっています。

中央アルプスの木曽駒ヶ岳をロープウェイで上がると、千畳敷カールという、広々とした見晴らしの良いところに出ます（写真５・２・３）。赤石山脈の仙丈ヶ岳の山頂近くにもカールが見られ、その中にはモレーンの地形が残っています。

このように、日本アルプスの２７００～２８００メートルより高い山頂部に、このような氷河地形がいくつも残されていることが、20世紀前半に次々と確認されるようになりました。日本アルプス以外では、北海道の日高山脈でも同様の地形が認められています。

日本アルプスに氷河があった頃

これらの氷河が作られた時代がいつなのかを探る研究も盛んに行われています。日本列島は火山が多いため、火山灰があちこちに積もっています。氷河で作られたモレーンの上もしくはその中に火山灰が見つかると、氷河の形成時期を探る手がかりとなります。火山灰は数日から長くても数年という短時間に、広い範囲に堆積するため、年代を示すよい指標になります。たとえばある火山灰が降った時代が２万年前だとして、モレーンの中にその火山灰が含まれていれば、その時代には氷河ができていたといえます。

飛驒山脈と木曽山脈では、２万年前頃と、それよりもさらに古い時期に氷河が拡大したとされています。山頂付近のカールよりもはるか下まで延びるU字谷が、より古い時代の氷河の跡とされました。地球規模の気候変動の歴史と、立山カルデラの火山灰などから、古いほうの拡大期は７万年前頃ではないかとされています。

今から２万年前頃は、過去12万年間で最も寒冷だった最終氷期の最寒冷期と考えられ、ＭＩＳ（酸素同位体ステージ）２の時代と呼ばれています。酸素同位体ステージというのは、もともとは深海底堆積物の化石の変化をもとに番号が付けられたもので、奇数が温暖で偶数が寒冷な時期を表します。ＭＩＳ２の時代とＭＩＳ４の時代（約７万年前）に各地で氷河が拡大したといわれています（図５・２・１）。

北海道の日高山脈でも、２万年前に標高１５００メートルまで、４万年以上前には標高１０００メートル程度まで氷河が拡大していたと考えられています。氷期が終わった現在はＭＩＳ１の時代で、氷河は解けてなくなってしまったため、名残としての地形が残されているというわけです。

もう少し過去に目を向けてみると、10万年前と12万年前はＭＩＳ５に属し、全体的には温暖な時期と考えられ、氷河の痕跡が見つからない時期です。さらに14万〜15万年前はＭＩＳ６の時期

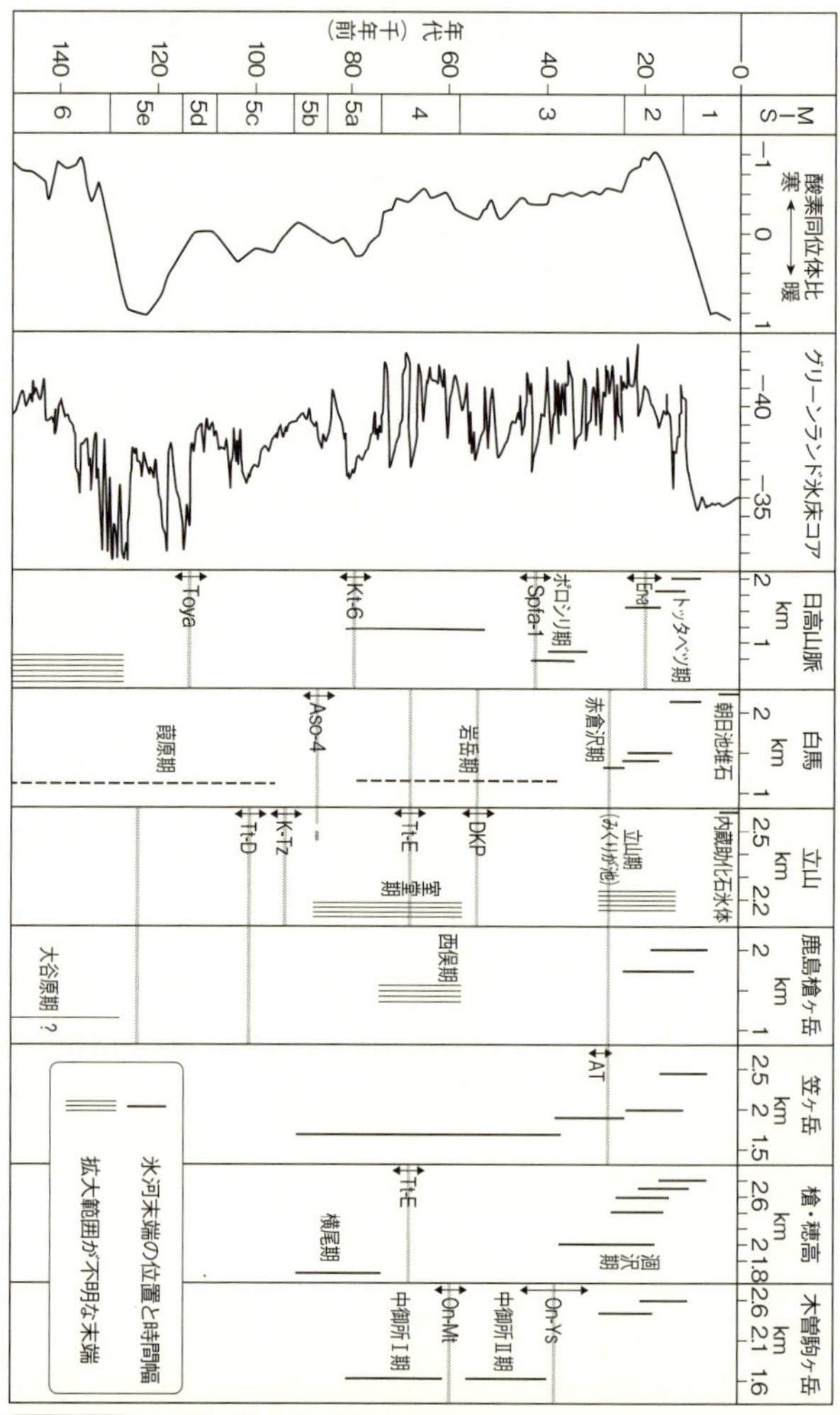

図5.2.1 **最終氷期の氷河拡大期とMIS**（米倉ほか編『日本の地形1 総説』東京大学出版会・太田ほか編『日本列島の地形学』東京大学出版会より編集）

氷河末端の位置が左側にあるのが拡大期。

で、氷河が発達していたのではないかと考えられていますが、地形や堆積物の証拠がまだ十分ではありません。

 氷期の川の特徴

ここまでは山の上のほうに氷河ができた話をしてきましたが、氷期には、山頂部の氷河だけではなく、そこから流れてきた川の流れもさまざまに影響を受けて現在と異なっていました。

氷期の日本列島は、気温や海水温が低かったため、おそらく台風や梅雨前線の影響が少なく、降水量も少なかったと考えられます。その結果、川の水の流量も少なかったと類推できます。すると川は大きな石を運ぶことができないので、川の途中で砂礫が溜まってしまいます。そこで川の上流側の谷は、砂礫が谷を埋めた状態になっていたと考えられています。

そのような証拠が、長野県の天竜川沿いにある伊那谷（いなだに）で見られます。伊那谷には、「河岸段丘（かがんだんきゅう）」という、川が作った階段状になった地形が発達しており、その断面に非常に厚く砂礫が溜まっている様子が見えます（写真５・２・４）。これが氷期に、川の運搬能力が低かったために砂礫が溜まった状態です。その後、温暖化によって雨の量が増え、川の流量も増えたことで運搬能力と削る力が増し、一気に現在の川底の位置まで削られて、過去の土砂の堆積断面が見えるようになりました。

写真5.2.4 **伊那谷の河岸段丘の断面**（撮影・久保純子）

氷期は現在より海面が低かったため、海の近くの下流では、氷期の川が低い位置にあり、現在の川が高い位置にあることになります。上流に行くと、氷期の川のほうが上で、現在の川のほうが下のため、途中でクロスすると考えられています（第1章の図1・14）。ちょっと複雑ですね。

このような段丘地形は、各地で見つかっています。松本盆地や木曽川上流の木曽谷、山梨県の甲府盆地の釜無（かまなし）川、富山県の常願寺川などです。これらの場所では、いずれも上流で、氷期に大量の砂礫が谷を埋め、その後、流量が増えたことで深く削られたという、同様の傾向が見られます。氷期には、川の流量もその働きも現在とはだいぶ違っていたようです。

植生の分布

氷期の日本アルプスでは、植物の分布も今とだいぶ違っていたことが指摘されています。現在でも高い山に登ると、標高が高くなるにつれて高い木がある森林からお花畑が広がっているような風景に変わっていきます。高い木を含む森林がなくなる境界を「森林限界」と呼びます。標高が高いほど平均気温も低くなっていくため、それぞれの環境に合った植物が生育しているわけです。現在は森林限界の上には、ハイマツという背の低い松の仲間が分布しており、高山植物のお花畑と併せて高山帯の特徴的な景観となっています。

日本アルプス周辺では、標高の低いほうから、秋になると葉が落ちる落葉広葉樹のブナの森、針葉樹林、高山帯と変化していきます（第1章の図1・12）。これは主に気温の変化によるため、標高が高くなるだけでなく、高緯度に行く場合も同様の植生の変化が見られます。

現在の日本の植生分布を垂直方向に見ると、北海道の高山では山頂部に高山帯があり、その下は主に針葉樹林（針広混交林）が分布しています。北海道南端部の渡島（おしま）半島以南では、本州と同様に落葉広葉樹林のブナの森が現れます。本州では落葉広葉樹林のさらに下に、冬でも緑のままのツルツルした葉を付けるカシやシイなどからなる照葉樹林が分布します。

植生分布を水平方向に見ると、北海道の渡島半島から南には、落葉広葉樹のブナの森が広く分布しています。さらに四国や九州に行くと、照葉樹林が広く分布します。

これが氷期になると、全体的に植物の分布が垂直方向に下がるとともに、水平方向にも南下します。北海道では針葉樹林や、森林限界よりも寒冷な場所に形成される永久凍土の荒原ツンドラなど、高山帯のような景色がかなり広がっていただろうと考えられます。

本州や四国では、現在よりも針葉樹林が広がっていたようです。たとえば、東京の武蔵野台地にある中野区江古田（えごた）では、針葉樹の化石が大量に見つかりました。現在はこの地域には針葉樹は生えていないことから、氷期の関東平野には針葉樹の森があったということが分かります。

一方、照葉樹林は南九州のあたりにわずかしか分布していなかったと考えられています。このような分布は「レフュージア」（避難場所）と呼ばれます。このように、氷期と現在とでは、高山だけでなく、垂直方向にも水平方向にも森の分布がだいぶ違っていたようです。

乾燥していた日本列島

氷期の日本列島の風景で忘れてはならないことは、海面の高さが120メートルほど低かったということです。このため、場所によっては海峡がすべて陸地になっていた可能性があります。

当時は、瀬戸内海は全部陸地になっていました。北海道とサハリンの間の宗谷海峡も水深50メートル程度と浅いため完全に陸地になっており、大陸から北海道まで陸続きになっていただろう

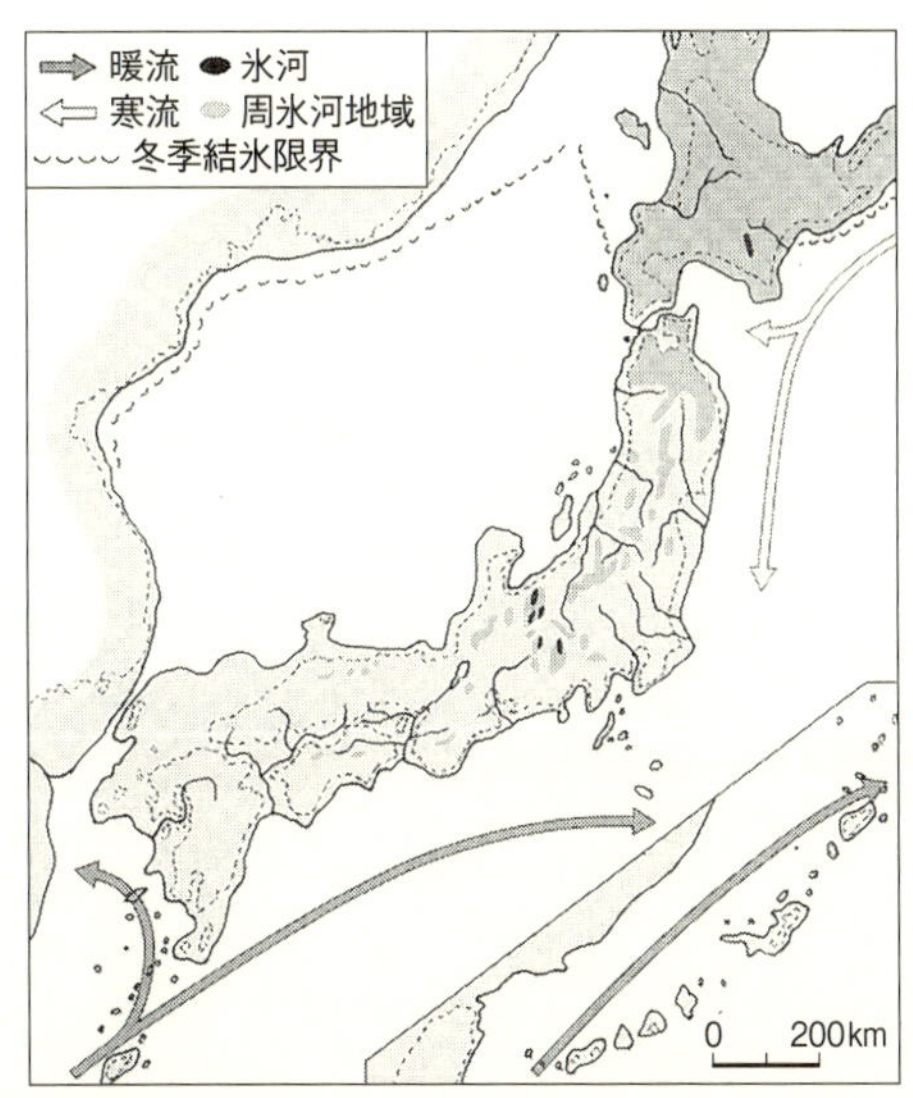

図5.2.2　**氷期の日本列島**（米倉ほか編『日本の地形1　総説』東京大学出版会より改変）

といわれています。第２章でも述べましたが、氷期には大陸の動物たちも北海道まで渡ってきたと考えられています。

対馬（つしま）海峡は一部海として残っていた可能性はありますが、幅が狭くなっていたために日本海がほとんど閉じ込められ、湖のような状態になってしまいました（図５・２・２）。その結果、日本列島は今よりも乾燥していただろうと考えられています。

これはどういうことかというと、現在は冬になるとシベリアから冷たい季節風が吹いて、日本海側に大量に雪を降らせます。これは日本海に対馬海流という暖流が流れ込み、これが蒸発して雲になって日本海側に雪を降らすためです。

しかし、氷期には対馬海峡が狭まっていて、日本海に暖流が流れ込めませんでした。すると日本海側の蒸発量は少なくなり、降雪量も少なく、全体的に日本列島が乾燥してしまうというわけです。このように、海岸線が変わることで列島全体の気候が今と違っていたと考えられるのです。

第6章

近畿

map data : SRTM 90m Digital Elevation Database v4.1

6◆1 近畿三角帯――京阪神と中京の地形

西南日本の地殻変動トライアングル

大きく西南日本の地形を見ると、東の端、フォッサマグナに沿っては、3000メートル級の飛騨、木曽、赤石の3つの日本アルプスの山脈が南北に雁行して並びますが、その西には標高2000メートル以下の比較的なだらかな地形が九州北部まで続きます。西南日本の地形は、中部山岳地域と比べると起伏が小さいのです。その理由は、西南日本が形成された歴史に関係します。西南日本は中新世の末（約600万年前頃）から隆起運動を受け始めましたが、隆起量や侵食量が、中部の山脈地帯に比べて相対的に小さく、また、それ以前の中新世の安定した時期に作られた平坦面である準平原の遺物が広く残っていることが、なだらかな地形を作り出した原因と考えられています。

しかし、その中でも、近畿地方と東海地方の西部にはいくつかの大きな堆積盆地と、断層に区切られた小規模な山地が分布していて、他の西南日本とは少し異なる特徴があります。この特徴のある地域は、「近畿三角帯」と呼ばれています（図6・1・1）。日本海側の若狭湾の東部、敦(つる)

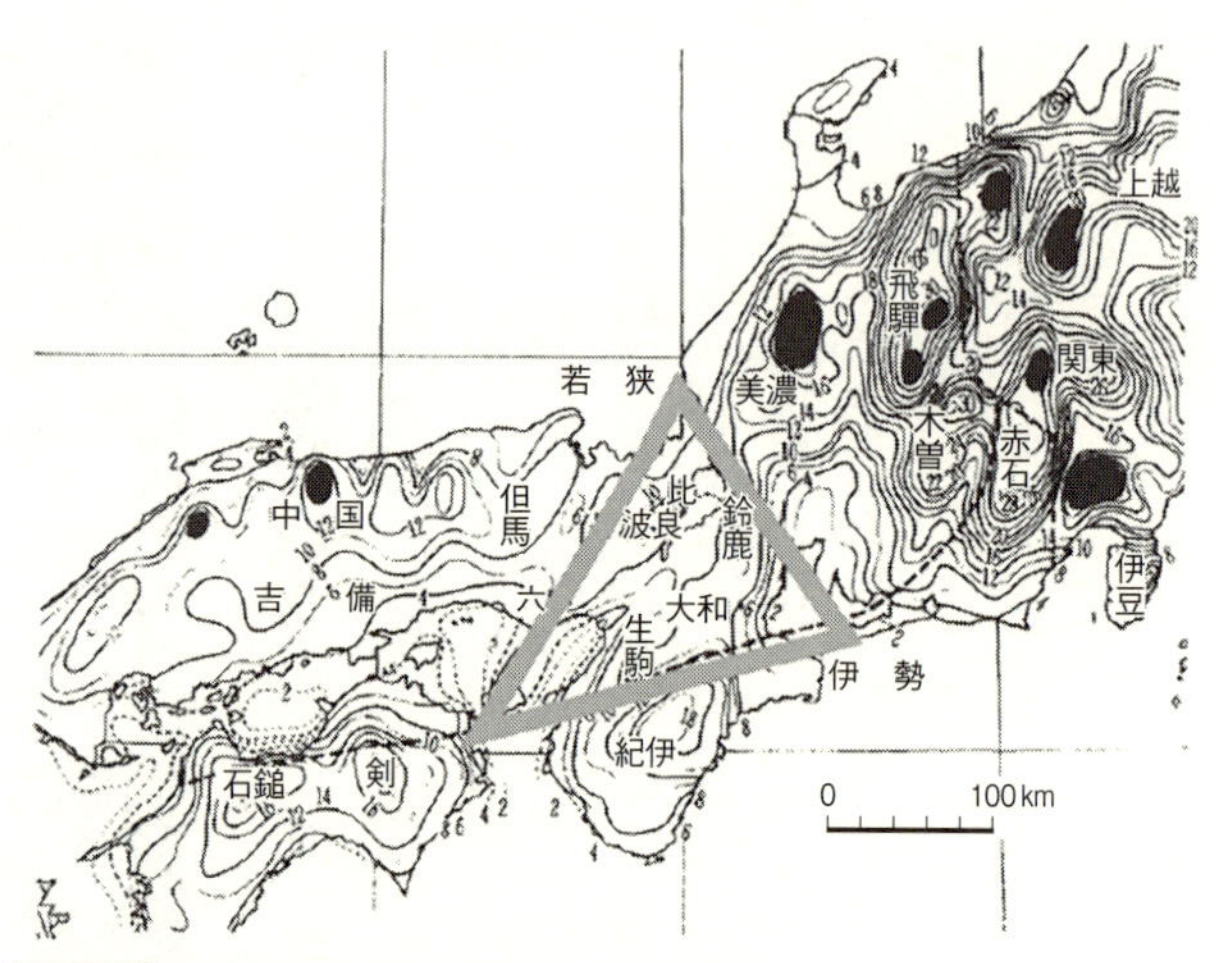

図6.1.1 **西南日本の接峰面図と近畿三角帯**

接峰面図とは、山の頂上を基準に谷など侵食された地形をならして表現した地図。

（藤田和夫『アジアの変動帯 —— ヒマラヤと日本海溝の間』海文堂より改変）

賀付近を頂点として、瀬戸内の淡路島とを結ぶ線を左辺、同じく太平洋側の伊勢湾とを結ぶ線を右辺、そして紀伊半島北部を東西に走る中央構造線（第7章7・1節を参照）を底辺とする三角形の中に、大部分が含まれるためです。

近畿三角帯という名称は、大阪市立大学名誉教授の藤田和夫氏によって1972年に提唱されました。その中には、東海湖盆、古琵琶湖湖盆、大阪湖盆（大阪堆積盆地）という、それぞれ南北方向に細長く延びる3つの大きな堆積盆地が東から西に並んで存在しています。湖盆と呼ぶのは、これらの盆地には湖に堆積した砂や泥がたまっていて、海に堆積した地層が存在しないからです。

形成の順番は東の東海湖盆が最も古く、中新世末～鮮新世（およそ６００万年前）に形成が始まり、そこから順次西側の盆地が形成されていきました。それぞれの盆地は南北に細長く延びていますが、いずれも独立した堆積域を作り、互いにつながることはありません。３つの盆地はどれも最初は海から隔てられた内陸の淡水湖でしたが、後に（約１００万年前頃）四国と紀伊半島の間の紀伊水道ができたため、海水準の高い時代になると大阪堆積盆地に海水が入るようになり、海成層も陸成の堆積物と交互に堆積するようになりました。

また、近畿三角帯の中には、南北に走る鈴鹿山脈や金剛・生駒山地、東西に走る和泉山脈、北東—南西方向に延びる比良山地や六甲山地、そして北西—南東方向に続く養老山地や伊吹山地など比較的小規模な山地が存在し、三角帯の堆積盆地の縁の地形境界となったり、あるいは堆積盆地の中を分断して奈良や京都など規模の小さな盆地の縁の地形境界になったりしています。

これらの山地の両側の麓には活断層が存在し、両側から押されて隆起したり（地塁）、あるいは一方の断層のみが動いて土地が隆起し（傾動）、山地ができたと考えられます。これらの山地の隆起が始まった時期、つまり麓の活断層の活動開始時期は前述の大きな盆地の形成よりはずっと新しく、多くの山地で中期更新世の前半、およそ50万年ほど前からです。藤田氏は現在も続くこのような近畿三角帯の新しい地殻変動を「六甲変動」と名付けました。

なぜ遷都が繰り返されたのか

近畿三角帯の地形・地質の特徴は、日本の歴史や文化にも大きな影響を与えています。そこで、近畿三角帯の地理的・歴史的な特徴を考えてみましょう。

この地域には奈良や京都など、古代からの日本の政治・文化の中心地があり、大阪は近世における日本の経済の中心地でした。そうなった背景には、この近畿三角帯の自然地理的な特徴が大きく利いていると考えられるのです。

ひとつの特徴は、奈良、京都、山城など、比較的規模の小さな盆地が多数散在していて、古代の都の立地条件となる水の集まる一定の広さの平坦地があったことです。盆地の周辺の山地には木材資源があり、これを利用して都の造営が行われました。資源がなくなると都が維持できなくなるので、飛鳥時代から奈良時代にかけて飛鳥京、難波(なにわ)京、藤原京、平城京、紫香楽宮(しがらきのみや)、長岡京など遷都が相次ぎ、都の位置は頻繁に移り変わりました。

もうひとつの特徴は、近畿三角帯が古代における交通・運輸の要衝であったことです。

日本列島で最大の島である本州で、太平洋側と日本海側との間で陸地の距離が最も短いところが、この三角帯の辺をなす敦賀—伊勢湾間であり、敦賀—大阪間なのです。また、この地域は中央部に琵琶湖があるので、陸運と舟運を併用すれば、日本海側と太平洋側の間の人や物資の移動が一番容易なところだったのです。古代から中世において、近畿地方が日本の政治・経済・文化の中心であったのは、このような地理的な背景があったためと考えられます。

消えた盆地、東海湖盆

近畿三角帯の一番東の部分である伊勢湾西岸地域や濃尾平野〜東濃・三河高原の地域には、かつて東海湖盆という堆積盆地が存在していました。この堆積盆地には、約600万年前の中新世の末から100万年前の前期更新世まで、東海層群と呼ばれる火山灰層を挟む、主に砂・泥からなる湖成ないしは河成の地層が堆積しました。東海層群の堆積時期は、南関東の三浦層群〜上総(かずさ)層群の堆積時期にほぼ相当します。

東海湖盆には、中部山岳や美濃・飛驒高原に源を持つ河川（現在の木曽川や長良川など木曽三川の前身）によって堆積物が供給され、盆地は東側から埋め立てられていきました。最初の沈降盆地は現在の瀬戸や知多半島付近、あるいは伊勢付近にあったようで、そこから時代とともに沈降の中心（堆積物の一番厚い地域）が西方や北方に移動していきました。

堆積盆地には湖が形成され、細粒な地層が堆積しましたが、東海湖盆に海が入ってきた痕跡は認められません。東海湖盆は陸域の中に形成された堆積盆地だったのです。東側から始まった堆積は、その中心を徐々に移動させながら、湖成や河成の淡水性の地層を生み出していきました。

湖水は、伊勢湾西岸の養老山地と鈴鹿山脈に挟まれる北勢地域で約100万年前まで存在していたのを最後に消滅しました。東海層群の中で一番新しい湖成層が認められるのがこの地域だからです。

現在、東海層群は堆積盆地周辺部の丘陵地域に露出するだけで、平野は後期更新世以降の台地や低地の堆積物に覆われています。しかし、その下には堆積盆地を埋める東海層群が厚く堆積しているのです。

濃尾平野と伊勢湾

濃尾平野は、関東平野に次ぐ日本の大規模な沈降盆地のひとつで、沈降の中心は、平野西縁の養老断層沿いの地域です。養老断層が濃尾平野の西端を限り、その東側にできる三角形の凹地を上流からの堆積物が埋める、断層運動で作られた「断層角盆地」と呼ばれるものです。濃尾平野の基盤（中新世末の地層）の深さは、東から西に向かって次第に深くなり、西端の最深部では2000メートルに達すると推定されます（図6・1・2）。

この盆地の構造から、この平野の地殻変動は西側が沈降して東側が隆起する傾動運動で、濃尾傾動地塊運動と呼ばれています。最近の火山灰分析などによる詳しい調査では、前期更新世（約90万年前）の末頃から沈降運動がいっそう活発化したことが知られています。

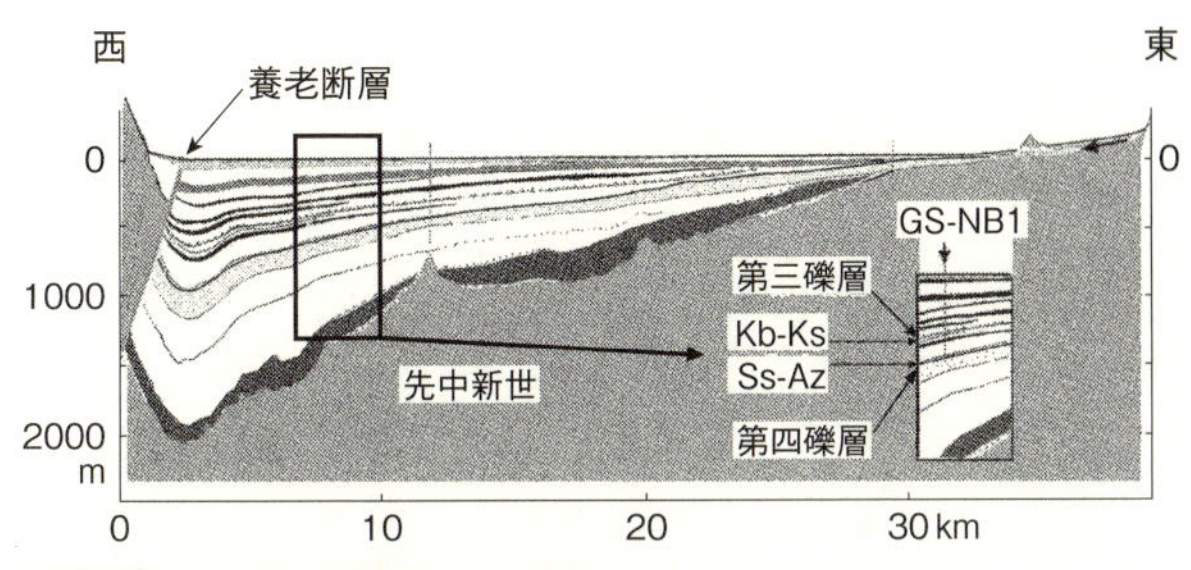

図6.1.2　濃尾傾動地塊の東西断面
地層には九州起源の火山灰が含まれる。Kb-Ksは約52万年前の小林－笠森、Ss-Azは猪牟田アズキ火山灰。（須貝2001原図　町田ほか編『日本の地形5 中部』東京大学出版会より改変）

沈降運動にくわえて南から伊勢湾の海が入ってきた結果、12万年前の最終間氷期の海水準が高かった時代に濃尾平野に海水が浸入し、熱田層という海成層を堆積させました。現在、これが少し隆起して段丘となったところが名古屋市の東部に位置する熱田台地で、東京の淀橋台や荏原台と同じ形成時期と性格の台地です。

一方、伊勢湾の海底調査では、伊勢湾断層という北西―南東方向に湾を斜断する大規模な断層が発見され、これに沿って四日市の南東沖に、基盤の深度が1700メートルにも達する深い堆積盆地が存在していることがわかりました。このことから、伊勢湾は現在も沈降運動を続けているように見えますが、伊勢湾断層の北部では最終間氷期（12万年前）以降の新しい活動は知られていません。

伊勢湾自体は水深が浅く（最深部で水深39メートル）、最終氷期には干上がって陸地になっていました。湾の出口付近には中央構造線が北東―南西に走り、その南東側には基盤岩が露出しています。湾口部にある答志島や神島は基盤岩で構成されていて、太平洋に抜ける伊良湖水道はこの基盤を削り込んだ狭い海底谷です。深さは110メートルで、最終氷期に河川によって侵食されてできた峡谷と考えられています。

陶土を産する東海層群

東海湖盆の東の縁には、瀬戸や土岐、常滑といった陶磁器の産地が並びます。瀬戸物という陶磁器を示す言葉はここから生まれました。この地域で、良質の焼き物用粘土である「陶土」が東海層群の最下部の堆積物から産出し、それを原料として製陶産業が発達したためです。

この地域で産出される陶土は、カオリン粘土と呼ばれる種類で、東海層群の堆積初期にこの地域の基盤である花崗岩の風化物が、基盤の凹地や小さな谷の中に堆積してそれが粘土化したものです。花崗岩の風化物だけが濃集し、他の岩石の雑多な風化物が入っていないので、良質の陶土となっています。この地層は、東海層群上部の前期更新世に堆積した土岐砂礫層に覆われて分布しています。ちなみにカオリンという粘土鉱物名は、中国清朝の官窯である景徳鎮近郊の陶土産地、高嶺（カオリンと発音）に因んで付けられたものです。

陶土層は分布が限られているので、狭い地域で地面を深く掘って採掘が行われています（写真

写真6.1.1 **陶土（木節粘土）の採掘場**（撮影・山崎晴雄）
亜炭（炭化度の低い石炭）層とカオリン粘土層が交互になった層

6・1・1）。陶土には、カオリン粘土の中に石英の粒を含む蛙目（がいろめ）粘土と、カオリン粘土の中に植物片が入った木節（きぶし）粘土の2種類があります。蛙目とは変な名前ですが、粘土の表面が水に濡れると石英粒が蛙の目のように光るのでその名が付いたといわれています。一方の木節粘土は、乾いた粘土塊を手で割ると、断面が木材のように見えることからそう呼ばれています。どちらも焼くと真っ白なガラス質の陶器になります。

移動する琵琶湖

東海湖盆の西側には、鈴鹿から伊吹に続く南北方向の山地を隔てて、古琵琶湖湖盆が存在します。この湖盆の北縁には現在の琵琶湖が存在し、その東には鈴鹿山脈との間に近江（おうみ）盆地が広がっています。

この湖盆は東海湖盆から少し遅れて、500万年

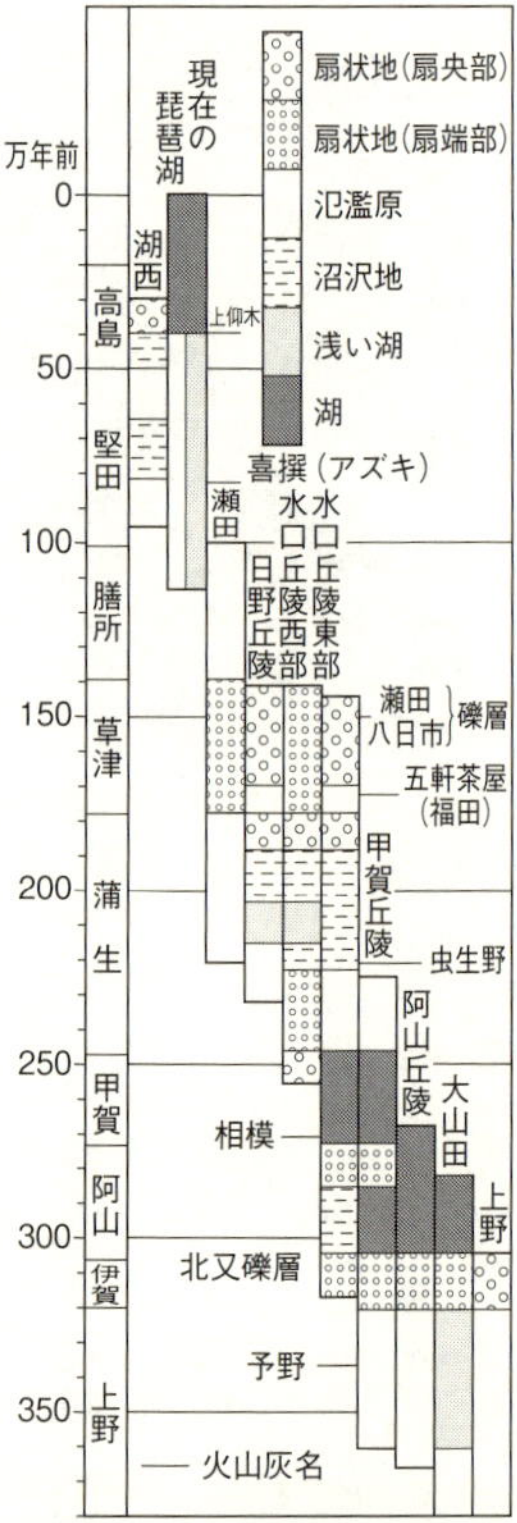

図6.1.3 古琵琶湖湖盆における堆積域の移動と各地域における堆積環境の変化（太田ほか編『日本の地形6 近畿・中国・四国』東京大学出版会より改変）

前～400万年前頃、現在の伊賀上野（いがうえの）付近から形成が始まりました。この湖盆の堆積物は古琵琶湖層群と呼ばれ、湖成層と河成層からなる細粒の堆積物で、火山灰層を多数挟みます。古琵琶湖層群の特徴は、沈降の中心が時代とともに北に移動していったことです。すなわち琵琶湖の位置が北に移動していったのです。

沈降運動が活発なところでは、沈降したぶんだけ堆積物が厚く溜まります。沈降運動の場所が移動していくと、それまで地層が厚く堆積していた場所から、近接してはいるが少し離れたところに新しい地層が厚く堆積するようになります。断面図を作成すると、将棋倒しのように地層の厚い部分が横方向にずれながら積み重なっていくので、このような堆積構造を将棋倒し構造といいます。古琵琶湖層群には、この堆積盆地の移動を示す将棋倒し構造が明瞭に認められます。

図６・１・３は、古琵琶湖層群分布域における堆積域の移動・移り変わりと、各堆積域中での堆積環境の変化を示したものです。縦軸には年代が示されています。各堆積域ではおよそ１００万年ほどの時間をかけて、河成の環境から沈降が進んで沼沢地や湖水域の環境に変わり、さらにそれを覆って扇状地が発達して湖盆の堆積は終わる、という堆積物の変化が認められます。

日本で最大の湖である琵琶湖は、南から北にこのような堆積盆地の変遷・移動を経て、現在の位置にたどり着いたのです。現在も盆地の形成と移動は続いており、沈降の中心は琵琶湖の北部に移っているようです。これを反映して、湖の水深も南の南湖では10メートル以下なのに、北部の北湖では最深部が約１００メートルと深くなっています。琵琶湖の東側から南東側にかけては近江盆地が広がり、鈴鹿山地から流れてくる野洲（やす）川、日野川、愛知（えち）川などの河川が扇状地を広げています。将来、琵琶湖南部はこの扇状地に覆われてしまうことになるでしょう。

京都もかつては海だった

近畿三角帯の中で一番西に位置する大阪湖盆は、３つの湖盆の中では最も新しく形成が始まった堆積盆地です。この湖盆は大阪湾から大阪平野周辺、京都盆地、奈良盆地に広がり、約３００万年前の鮮新世末以降に堆積した、細粒の堆積物を主とする大阪層群の分布域です。

淡路島の東側の大阪湾で沈降運動が始まり、河成や湖成の地層が堆積しました。東海や古琵琶湖と同じ内陸の堆積盆地だったのです。やがて、堆積域は東や北に広がり、京都盆地や奈良盆地にも大阪層群は堆積しました。

なお、古琵琶湖の堆積盆地との間には、小規模ですが醍醐（だいご）山地という山地域があり、ここが境となって、大阪堆積盆地は古琵琶湖の湖盆とはつながっていません。

鮮新世末から前期更新世の大部分の時期は、大阪堆積盆地は東海湖盆、古琵琶湖湖盆と同じような内陸の堆積盆地でしたが、約１３０万年前から海が入ってきました。これは、四国から紀伊半島に続く外帯山地の一部が切れて、紀伊水道とその北の紀淡（きたん）海峡が形成されたためです。しかし、ずっと海域だったわけではなく、海成層は再び陸成層に覆われ、その後また海成層が入ってくるという、陸成層と海成層の堆積の繰り返しが、じつは現在まで続いているのです。

この海成層は、Ｍａという記号を頭に、下位から上位に番号が付けられています。大阪層群の調査は１９６０年代以降本格化しますが、当初はＭａ１〜Ｍａ13の13枚の海成粘土層が挟まれることが確認され、番号が振られました。しかし、その後の研究の進展で、Ｍａ１の下部などで新しい海成層の発見が相次ぎました。大阪湖盆に海が入ってきた１３０万年前という年代は、現在Ｍａ層の最下部と認識されている、Ｍａ−１（マイナス１）の年代です（図６・１・４）。

このような盆地内への海成層の浸入と後退の繰り返しは、氷河性海水準変動に対応していると

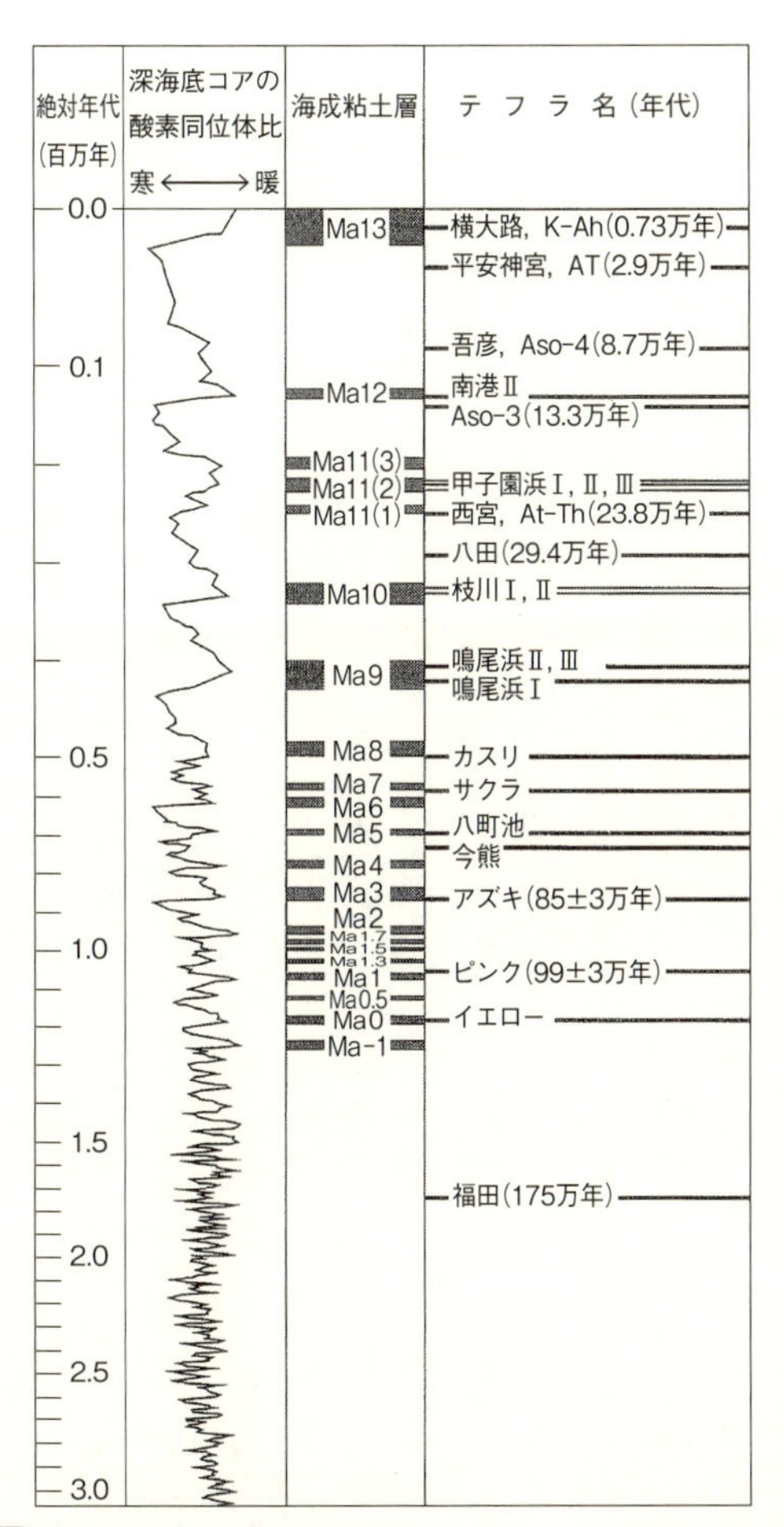

図6.1.4　大阪層群中の海成粘土層・テフラ（火山灰層）と年代

火山灰層や標準的な酸素同位体比変化曲線を使って海成粘土層の編年が行われている。（太田ほか編『日本の地形6　近畿・中国・四国』東京大学出版会より改変）

考えられます。高海面期に海進が起きて堆積盆地内に海が浸入します。氷期には海水準の低下で海は後退し、陸成層がそれ以前に堆積していた海成層を覆って堆積し、海成層と陸成層の互層が形成されたのです。海進は大阪平野だけでなく、内陸の京都付近にも及びました。京都盆地の大阪層群にはＭａ２からＭａ６までの５枚の海成粘土層が認められます。この大阪層群はその後、その上を扇状地の拡大によって礫層に覆われ、京都に海が入ってくることはなくなりました。

六甲変動と活断層

近畿三角帯では更新世の中期、およそ50万年ほど前から地殻の東西方向の広域圧縮が強まって、南北走向の逆断層や東西走向の横ずれ断層の活動が活発化しました。六甲変動と呼ばれる地殻運動が、地形に顕著に現れるようになったのです。断層運動は３つの堆積盆地の縁だけでなく、堆積盆地の中にも発生し、湖盆の堆積物を変位する傾動地塊が現れてきました。京都や奈良付近は、河川の出口が断層運動で狭められ、明瞭な盆地となりました。

図６・１・５は大阪堆積盆地内の活断層の分布を示したものですが、淡路島や六甲のような堆積盆地の縁を限る断層だけでなく、奈良盆地東縁や生駒断層系、上町(うえまち)断層など南北走向の活断層が堆積盆地を分割発達しているのが見て取れます。奈良盆地は東側を奈良盆地東縁断層系で限られていますが、西側の縁も中央構造線から北に湾曲した金剛断層や、山地の西の縁にある生駒断

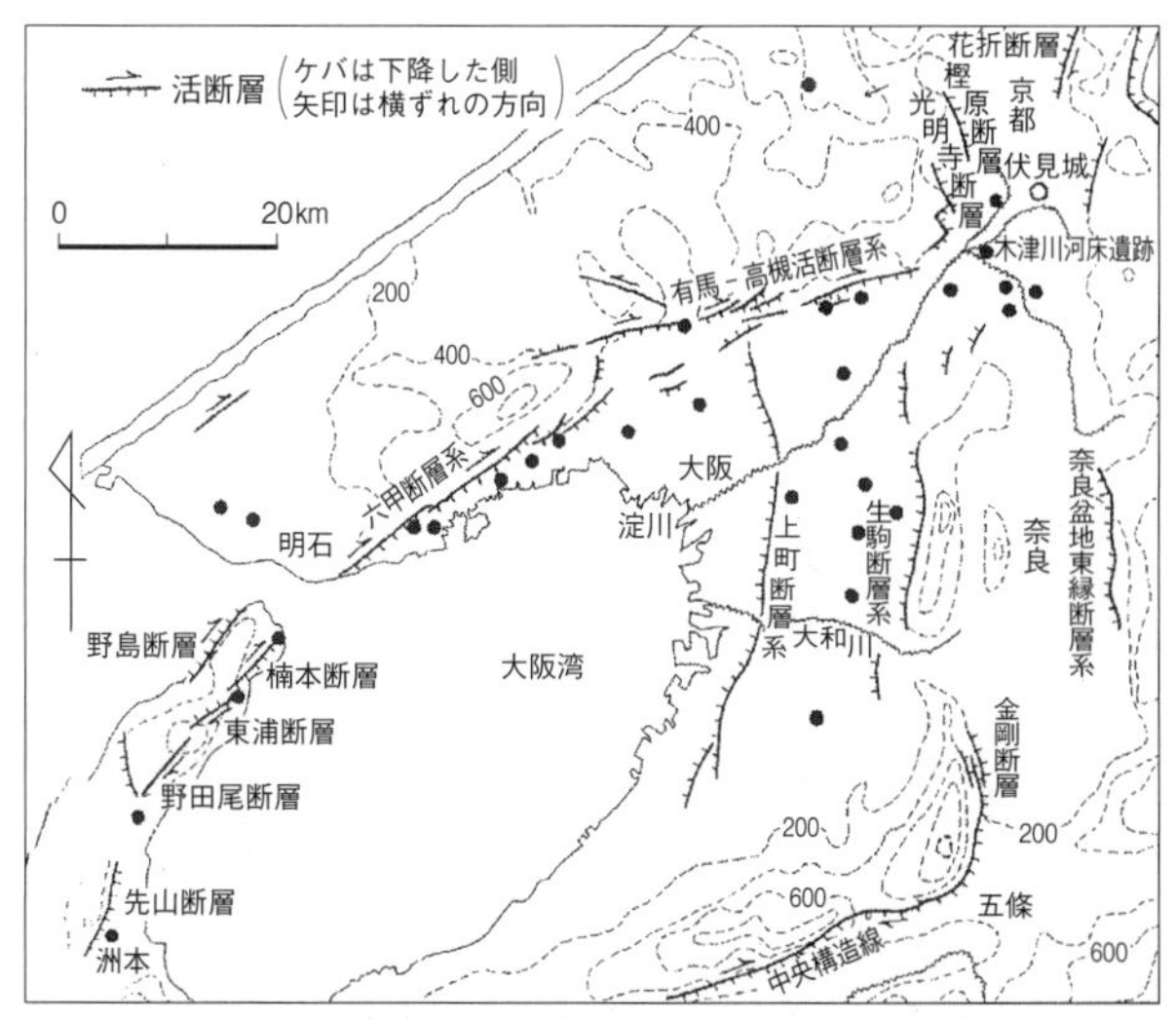

図6.1.5 **大阪堆積盆地の活断層と隆起ブロック**（寒川旭1998「考古遺跡にみる地震と液状化の歴史」科学68巻より改変）
黒点は1596年伏見地震の痕跡が検出された遺跡。

層によって東方に傾動隆起した生駒山のブロックのために、大阪湾に注ぐ大和川の出口が狭められ、盆地化していることが分かります。

有馬—高槻断層系とT字形に交叉する上町断層は、北は豊中市、南は岸和田市までの長さ42キロメートルの活断層です。1000年あたりの平均変位速度（ずれ）は0・4メートルで、とくに活発な活断層というわけではありません。この断層は上町台地の西の縁を走っており、台地の形成に関与した断層です。大阪城や、その前身で織田信長と長い戦いを繰り広げた石山本願寺は、この台地の北の縁に作られています。低く平らな大阪平野の中で、断層で盛り上がった上町台地は軍事上の要衝だったのです。

上町断層の東側に隣接する生駒断層系は、上町断層とよく似た平均変位速度を持つ活断層ですが、顕著な生駒断層崖を作り、南部では応神天皇陵といわれた羽曳野市の誉田山古墳の端を変位させています。最新の活動時期は地震調査委員会によれば5~10世紀であったと考えられています。

これに比べると上町断層は、断層変位によって上町台地の西端を限っているだけで、断層活動も少なくとも最近の9000年間は知られていません。一般に、この程度の活断層が動く間隔は数千年なので、だいぶ長い間活動していないことになります。繰り返し活動する活断層としては、今後の活動が心配されます。とくに、大阪の市街地を南北に貫いているので、将来の活動によって大きな災害が発生することが心配される活断層です。

近畿三角帯の盆地の特徴

近畿三角帯の湖盆・堆積盆地の形成に関する特徴は、盆地の形成開始が東から西に順に進んでいることです。また、東海湖盆と古琵琶湖の湖盆においては沈降の中心が北、あるいは西に向かって徐々に移動していることも特徴のひとつといえます。

この原因を考える前に、少し広い視野で堆積盆地や近畿三角帯を見てみましょう。図6・1・

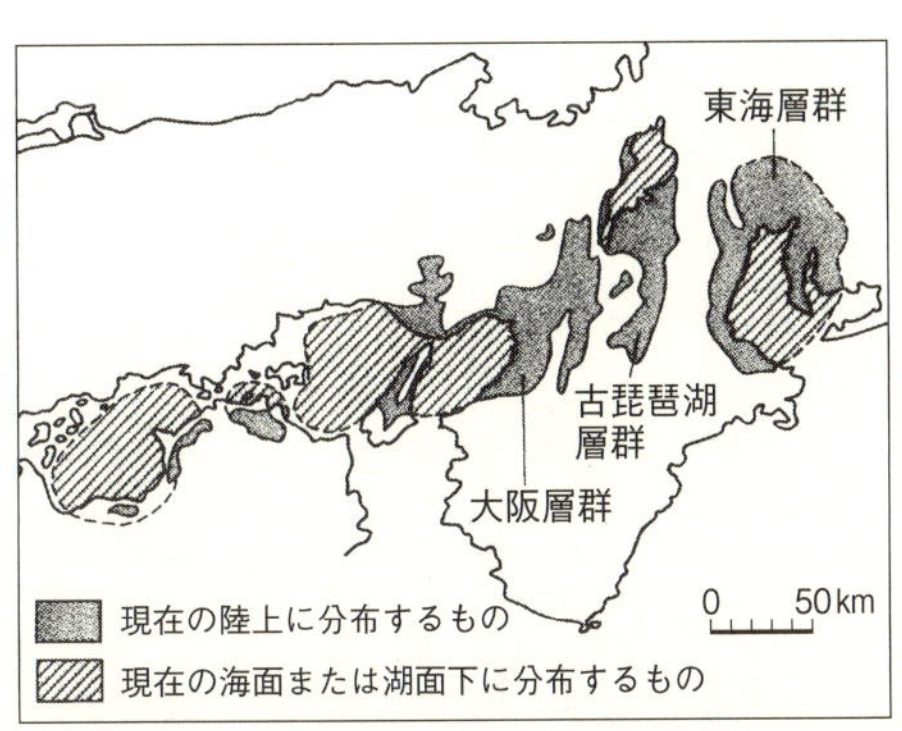

図6.1.6 **西南日本の鮮新世・更新世の堆積盆地の分布**（太田ほか編『日本の地形6　近畿・中国・四国』東京大学出版会より改変）

6は、西南日本の中新世末以降の堆積盆地の分布位置を示したものです。盆地が近畿三角帯から瀬戸内海に断続的につながっています。この盆地の列の南には、平行して中央構造線が走り、西南日本を内帯（北側）と外帯（南側）に分けています。つまり、盆地列は中央構造線の北側に沿って、内帯の最南部に並んでいるわけです。

一方、第1章で述べた島弧の構造に当てはめると、四国・紀伊山地は外弧隆起帯、内帯側の中国山地は火山帯はあまり顕著ではありませんが内弧リッジに相当します。そして、両者の間の盆地が断続する地域は、中央沈降帯（中央低地）にあたります。つまり、西南日本では、東北と同じように中央低地は形成されているのですが、少し異なるのは盆地と盆地の間に高まりがあって、盆地が断続しているのです。

この盆地の断続はどのようにして起こるのでしょう

か。外帯がフィリピン海プレートの斜め沈み込みで西に移動し、そのため中央構造線に沿って右横ずれ運動が起き、その北側に雁行状のシワが寄り、それが盆地を分ける高まりになったと考えられています。同様に、近畿三角帯の盆地も外帯の斜め沈み込みと中央構造線の右横ずれによって作られたと考えられます。

西南日本の東端部では、伊豆バーの衝突により地質構造が大きく北へ湾曲しています。そのため、東側ほど沈み込んだフィリピン海プレートのスラブ（プレートの沈み込んだ部分）と中央構造線が接近、あるいは中央構造線の下にスラブが来てしまいます。そうすると、中央構造線はもともと外帯の西への移動で形成されたものなので、その機能を失って動けなくなります。実際、中央構造線は紀伊半島中部以東では、活断層のような新しい活動は認められていません。すると東側ほどスラブの沈み込みによる東西方向の圧縮力が強まり、沈降運動の始まりも早まるという考えがあります。

各堆積盆地内で沈降中心が移動するのは、よりローカルな要因が利いていると思われますが、その背景にはフィリピン海プレートの斜め沈み込みや中央構造線の右横ずれが関わっていることは間違いないでしょう。

6◆2 神戸と兵庫県南部地震

断層崖の麓にある人口150万人の大都市

神戸は「百万ドルの夜景」で有名です。長崎、函館と並んで日本の三大夜景のひとつといわれています。地元の人によれば、その由来は、そう呼ばれるようになった当時の神戸の電気の使用料が百万ドルだったからということのようです。もちろん、同時に景色が美しいことの形容でもあるのですが、これには理由があります。

美しい夜景を想像してみてください。函館でも神戸でも、足下から遠くまで、目の前がすべて街の明かりで埋め尽くされています。景色が美しいためには、足下と遠くが同時に一望できることが大事なのです。それはつまり、切り立った崖の上から眼下を見下ろすことを意味します。実際に、神戸を見下ろす六甲山の標高は931メートルで、街に面した南東側斜面は急な崖になっています。この崖は断層がずれてできたものです。

神戸は北に六甲山、東は大阪湾に囲まれた平野にできた街で、150万人の人が住んでいます。これより西に進むと、山が海に迫ってきて低地が狭くなります。そのため、広い低地のある神戸は、古来から交通の要衝として栄えてきました。平安時代に平清盛が、日宋貿易の拠点として「大輪田泊（おおわだのとまり）」を修築したことが神戸の始まりです。

阪神・淡路大震災

神戸の地下には活断層が多数走っていますが、1995年1月17日の明け方に発生し、阪神・淡路大震災を引き起こした「兵庫県南部地震」は、これらの活断層が動いたことで起きた「直下型地震」といわれています。この地震の規模はマグニチュード7・3、最大震度7の揺れが神戸の市街地や淡路島北部を襲いました。

神戸には木造住宅が密集した地域があり、そこでは木造家屋の多くが倒壊し、家の下敷きになった犠牲者が多く出ました。地震による火災も各地で発生しました。神戸市長田（ながた）区では、駆けつけた他地域の消防車のホースの口径が消火栓と合わないために消火活動が遅れ、火が燃え広がって被害が拡大したということもありました。それを教訓にして、今では全国的に消火ホースは同じ規格に統一されています。どこの消防車でも、すべての消火栓で消火活動ができるようになったのです。

震災にともなう病気や精神的ストレスなどで亡くなることを「震災関連死」といいますが、この震災では900人ほどがこの震災関連死で亡くなられています。家屋の倒壊など直接被害で亡

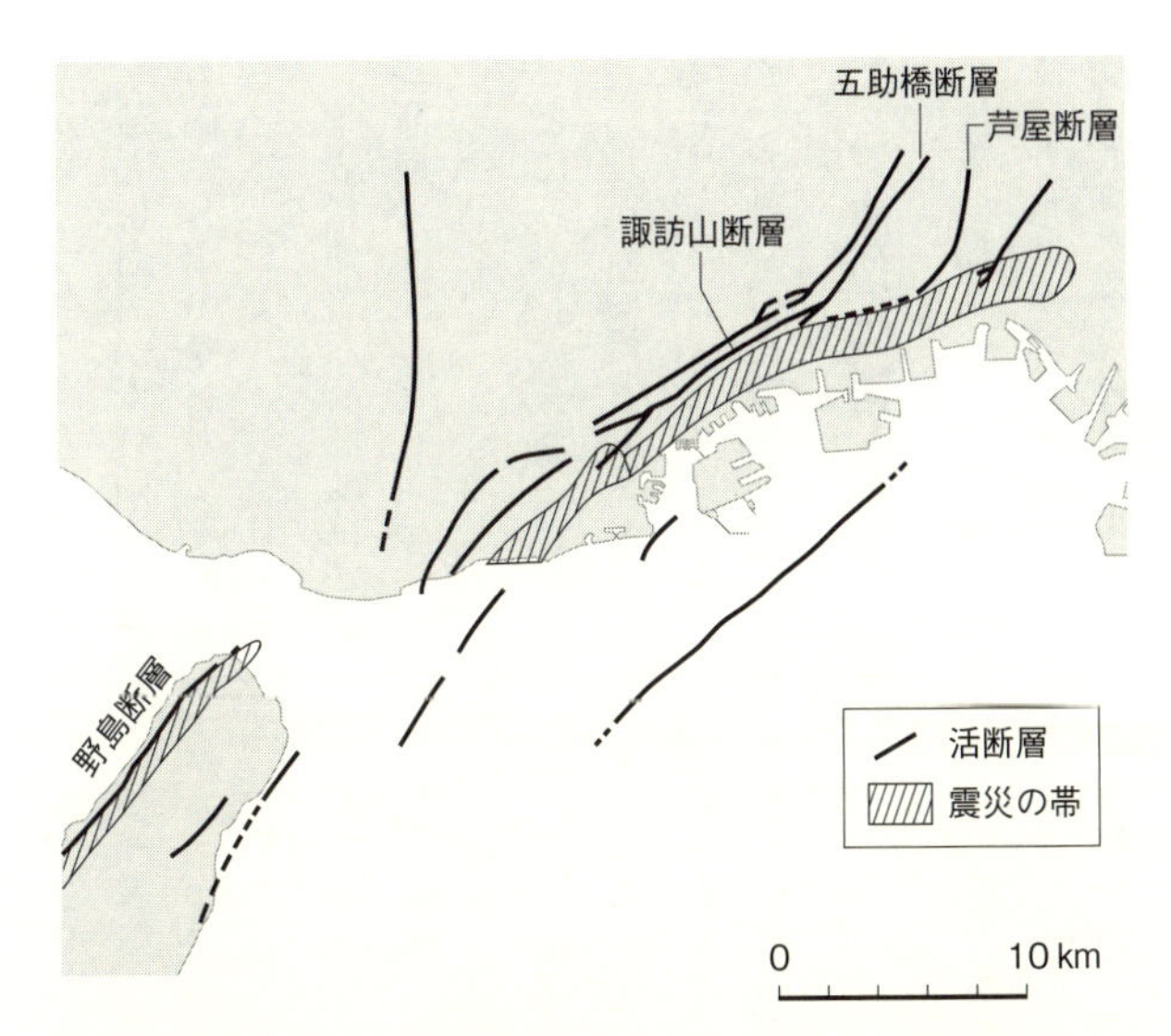

図6.2.1　阪神淡路大震災を引き起こした「六甲・淡路断層系」の断層（科学朝日緊急増刊号「地震科学最前線」1995年3月20日より改変）

地震を起こした断層は、北は六甲山の麓から宝塚へ、南は淡路島の西海岸におよぶ。斜線部分は震災の帯。

くなられた「直接死」は約５５００人です。全壊した家屋は、10万５０００棟に上りました。発生当時で戦後最大の地震災害となったわけです。

この地震は、六甲山の麓から明石海峡を渡って淡路島の北西岸に延びる全長71キロメートルの活断層、「六甲―淡路断層系」の活動で引き起こされました（図６・２・１）。以前からの調査で、これは将来地震を起こす可能性のある活断層であることが分かっていました。過去のずれの痕跡である「断層破砕帯」があったからです。ちなみに、前回ずれたのは2000年前でした。

最初に断層がずれ始めた場所、つまり震源は明石海峡の下なのですが、そこから北東と南西の方向に3本の断層が次々連動しながら「断層変位（断層のずれ）」を起こし、強い揺れが発生しました。これがたった10秒から20秒の間に起きたのです。

地表に顕著な断層変位が認められたのは、淡路島の北部に全長10キロ以上にわたって現れた野島断層です（写真6・2・1）。右横ずれ最大2メートル、上下方向に1メートルのずれが生じました。このように地表に断層変位が見られる断層を「地震断層」と呼びます。

ところが、大きな被害のあった神戸の市街地には、このような地震断層は出現しませんでした。地震断層ほど大きくなく、目に見えないほどのずれでも、水準測量などの精密な測量で分かるはずですが、そのようなずれも認められなかったのです。では、地殻変動がほとんど見られなかった神戸の街で大きな揺れが発生したのはなぜなのでしょうか。

震災の帯と焦点効果

地震の揺れの分布を調べると、神戸市内を横切って六甲山の崖や鉄道と平行に震度7の揺れを受けた地域が細長く延びていることが明らかになりました（図6・2・1）。ここでの震度7とは、木造家屋の倒壊率30パーセント以上の地域を指します。このような被害の大きな地域は「震災の帯」とも呼ばれ、通常は地盤の弱いところに出現します。しかし神戸市は、六甲山の麓から海側に堆積物が溜まって扇状地になった場所で、地盤的にはけっして弱いところではありません。つまり神戸市内に震災の帯が出現したのは、軟弱地盤に起因するものではなかったということです。

ところが、その後の余震によって、神戸市街に揺れが集中した原因が明らかになりました。余震は本震の震源地から離れたところでも起きますから、本震とは違う性質のものもあるわけです。しかし、どんな余震の場合でも、この震災の帯ではいつも揺れが大きいことが分かったのです。ということは、神戸の地下の地盤の構造が、揺れを集中させるようなものであると考えるべきです。

写真6.2.1　淡路島の富島（としま）東方に地震時に現れた断層
（撮影・山崎晴雄）

神戸市街地の地下には、六甲山を作っている花崗岩と、海側に鮮新世（530万年前〜260万年前）以降の大阪層群という、2種類の地層が存在しています。その

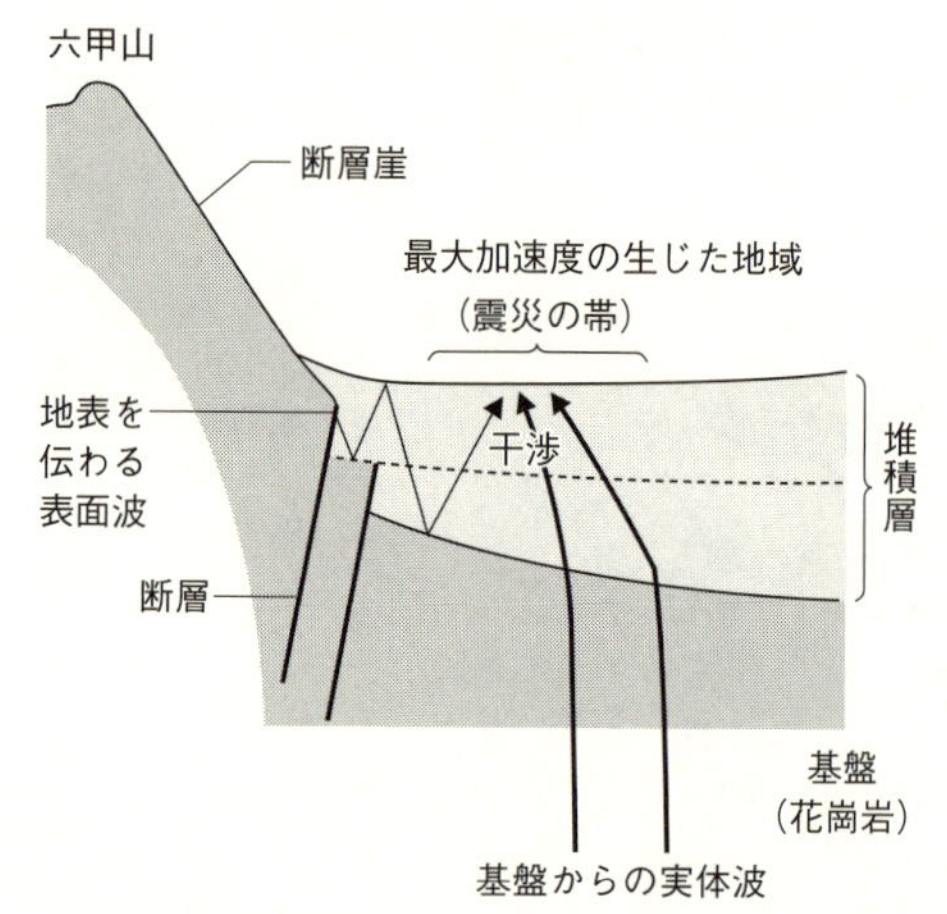

図6.2.2 **焦点効果によって地震波が屈折し、神戸に震災の帯ができる様子**（山崎晴雄，町田・小島編『新版日本の自然8　自然の猛威』岩波書店より）

境目が断層になっており、そこで岩石の密度が違うために、地震波のスピードが変わります。一般的に波は、軟らかい物質中よりも硬い物質中のほうが速く伝わります。つまり、花崗岩のほうがより硬いため地震波は速く、大阪層群では遅くなります。すると地震波が屈折して、凸レンズで太陽光が集められるようにある地点に揺れが集まるという現象が起きてしまうのです。

これを「焦点効果」と呼ぶのですが、そのまさに焦点にあたるところが強い揺れのゾーンである「震災の帯」となったわけです。このモデルは、実際さまざまなシミュレーションでも確かめられています（図6・2・2）。

地震と断層

「活断層」という言葉は、1927年に京都府北部の丹後半島で発生した北丹後地震をきっかけに作られました。この地震で地表に出現した地震断層は、断層破砕帯に沿って活動したものでした。活断層とは、過去に繰り返し動いており、これからも動く可能性がある断層のことです。このような断層を他の断層とは区別して、活きている断層＝「活断層」と呼ぶことになったのです。

断層が動くと地形的にずれが生じます。それが削られず残っていれば、次の地震で同じ方向にずれが重なり、次第に崖などができていきます。これを「累積変位」と呼びます。このような場所は、まっすぐ長い崖が延びていたり、通常の川の侵食作用ではできないような崖になっていたりして、空中写真判読などで見つけることができます。たとえば、六甲山もこのようにして何度もずれを重ねた断層によって、今の高さまで持ち上がったものです。

活断層の場所が特定できたら、断層でずれた地形や地層の年代をもとに、いつ動いたのかという活動時期を推定していきます。具体的には、地層の断面を掘り出して、その断面で断層がずれている地層と、その上に堆積した断層でずれていない地層のそれぞれの年代から、その間に断層の活動時期があったと知ることができるのです。また、断層崖が崩れるときに堆積する「崖錐堆

積物」の存在からずれた時期を知ることもできます。

このような方法で、阪神・淡路大震災を起こした断層より北のほう、大阪の高槻（たかつき）にある高槻構造線は１５９６年、豊臣秀吉の時代に「慶長伏見地震」を起こした断層だということが分かっています。また周辺の地層との比較から、過去にどのくらいの時間間隔でずれたか、すなわち地震を起こしてきたかという履歴も知ることができます。

断層は、地下の岩石にひずみが溜まり、そのひずみが岩石の摩擦抵抗を超えたときにずれます。内陸の活断層は、短いもので１０００年、長いもので数万年の周期を持っています。マグニチュード６・５以上の地震で地表に断層ずれ（地震断層）が現れることが多くなると経験的に分かっています。もちろん、震源断層が地下深いところにある場合には、マグニチュードが６・５以上でも神戸市内のように地震断層が地表に出てこない場合もあります。

プレート境界の地震では、震源が数百キロメートルと非常に深いものがあるのに対して、兵庫県南部地震のような内陸地震（直下型地震）の震源は、だいたい深さ10キロメートル程度です。

日本列島の内陸部は、地殻内でも地下20キロメートル以下は、とても高温です。そこでは岩石が軟らかく変形してしまい、ひずみは溜められません。一方、深さ10キロメートル前後（3〜20キロメートルほどの範囲）では、岩石が硬くひずみを溜めやすい状態で、どこか割れ目がずれ始めると、地震が起きます。この岩石の層を「地震発生層」と呼びます。

小さな地震は大きな地震より当然多く起きますが、それらは地震発生層の中だけで留まり、地面は揺れますが、地表にはまったく影響が出てきません。ところが地震のマグニチュードが大きくなると、断層の長さとずれも大きくなり、地震発生層を突き破って地表までずれが出てくる場合があるわけです。

活断層と人間の暮らし

阪神・淡路大震災は、活断層が発生させた地震で引き起こされたために、それまであまり知られていなかった「活断層」という言葉がたちまち、全国区的な地学用語になりました。その結果、逆に活断層は非常に怖いんだ、恐ろしいんだというイメージが社会に定着してしまいました。

日本同様に地震が多発するアメリカのカリフォルニア州やニュージーランドでは、断層の上に家を建ててはいけないという規制があります。日本でもそういう規制を作るべきだと主張する人がたくさんいます。たしかに、ニュージーランドやカリフォルニアは日本に比べて人口密度が低く、活断層の上を避けて家を建てることは簡単でしょう。しかし日本の場合はどうでしょうか。

日本は山が多いので、ほとんどの人が平野や盆地に集中して住んでいます。ここでいったん、平野や盆地がどうしてできたかを考える必要があります。平野や盆地は、基本的に活断層がずれて生じた高低差を土砂が埋めて作られます。平野の中心には一般的に川が流れていて洪水がよく発生しますから、多くの人は平野の端、つまり断層がある場所の近くに住んでいるということになります。

しかも活断層は数千年に1回しか動かないわけですから、そこに居住規制を設けるのは、あまりにも非現実的なのではと考える研究者も多くいます。日本列島には、確認されているだけで2000の活断層があるといわれています。日本のように、プレート境界に位置するところでは、じつは断層から逃げては暮らせないのです。実際の内陸地震被害の実態を把握したり、工学的な防災対策を考えたりしながら、活断層に関するメリットやデメリットを考え、活断層との共存の道を探る必要があると思います。

第7章

中国・四国

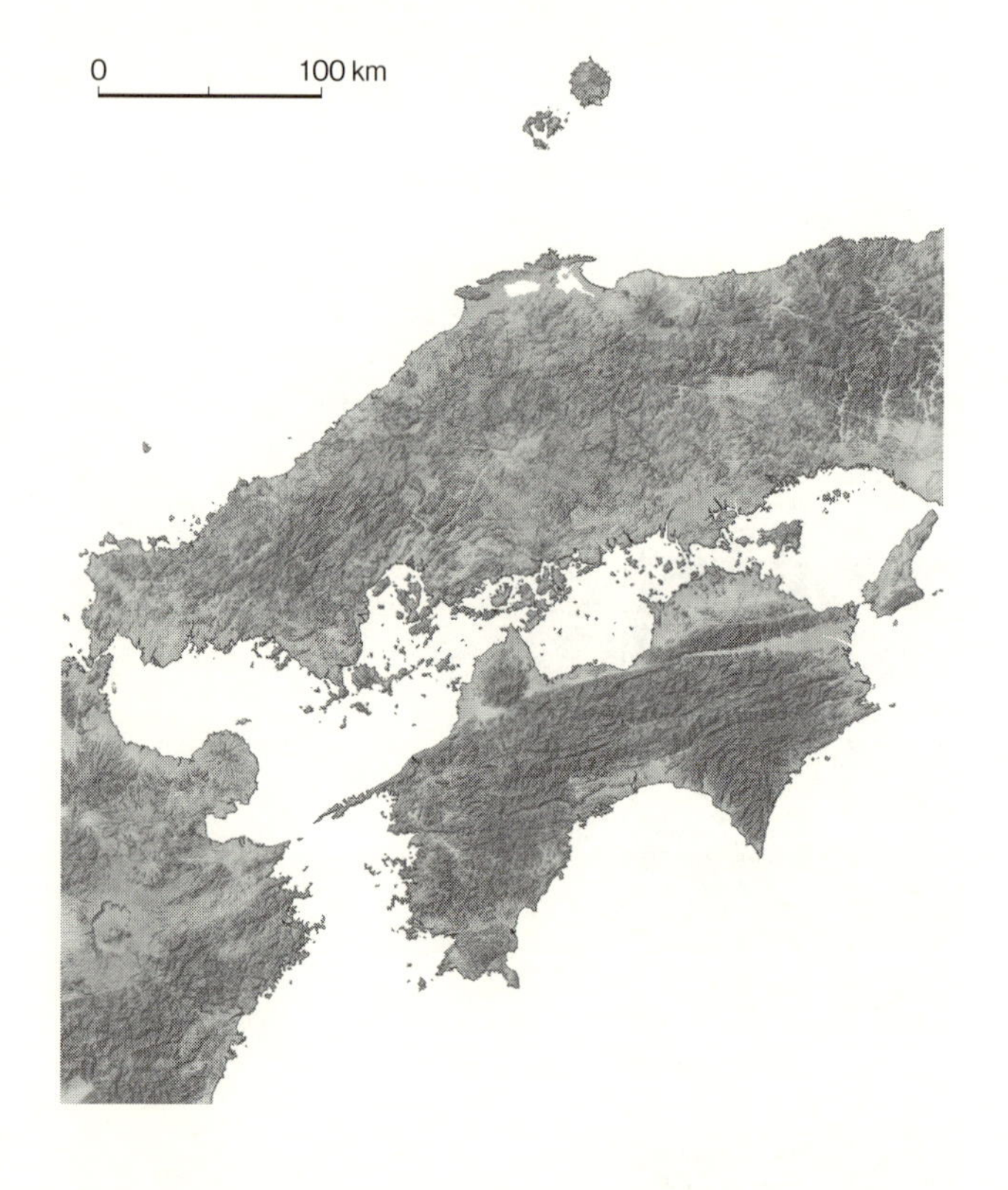

map data : SRTM 90m Digital Elevation Database v4.1

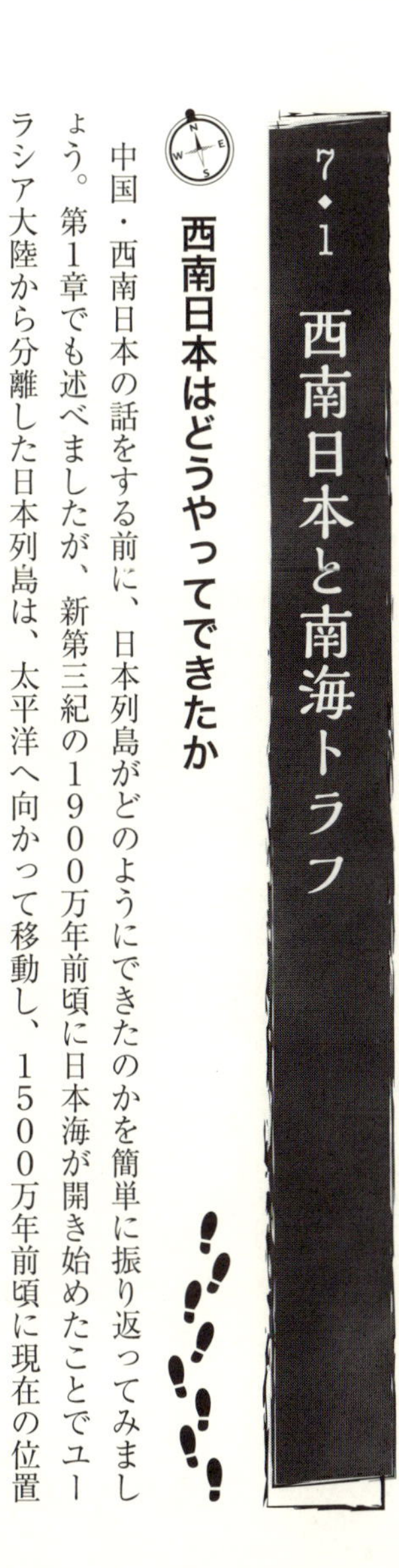

7◆1 西南日本と南海トラフ

西南日本はどうやってできたか

中国・西南日本の話をする前に、日本列島がどのようにできたのかを簡単に振り返ってみましょう。第1章でも述べましたが、新第三紀の1900万年前頃に日本海が開き始めたことでユーラシア大陸から分離した日本列島は、太平洋へ向かって移動し、1500万年前頃に現在の位置に来ました。

このとき、列島の西部は時計回りに回転、東部は反時計回りに回転しました。その際、東部と西部の境で折れ目になった部分が引っ張られて落ち込み、フォッサマグナとなりました。フォッサマグナとは、ラテン語で「大きな溝」という意味です。

東北日本では、地質構造は南北方向に延びています。東側には中生代（2億5000万年前〜6500万年前）の古い堆積岩や火成岩からなる北上山地や阿武隈山地、中央部分の低地、西側に新第三紀の中でも中新世（2300万年前〜530万年前）の火成岩や堆積岩を土台とする奥羽山脈、出羽丘陵があります。奥羽山脈、出羽丘陵の上には、第四紀（260万年前以降）にできた火山が南北に延びて、火山フロントを形成しています。

それに対して西南日本では、地質構造は東西方向に延びています。中生代の2億5000万年前以降から、ユーラシア大陸の端でプレートの沈み込みの場であったところに付加体が順次形成され、高まりとなっていきました。さらに海底火山の噴火などの火成活動で花崗岩が形成されて高まりは陸地となり、西南日本の土台が形作られたと考えられています。その後、中新世の1500万年前に日本海が拡大し、西南日本は少し南へ時計回りに回転移動して、大陸から離れた今の形になっています。

巨大断層で分けられる西南日本

西南日本の顕著な地質構造は、「中央構造線」と呼ばれる大構造線です。これは、地質が大きく異なる境界の断層線で、プレートの沈み込み境界である「南海トラフ」の北側200〜250キロメートルのところを、南海トラフと平行に東西方向に走っています。この構造線を境にして、海溝側（太平洋側）は「西南日本外帯」、大陸側は「西南日本内帯」と呼ばれています（図7・1・1）。

海洋プレートが沈み込むところには細長い溝ができますが、そのうち6000メートルよりも深いものを海溝、それより浅いものをトラフと呼んでいます。日本列島の沖にある沈み込み帯の

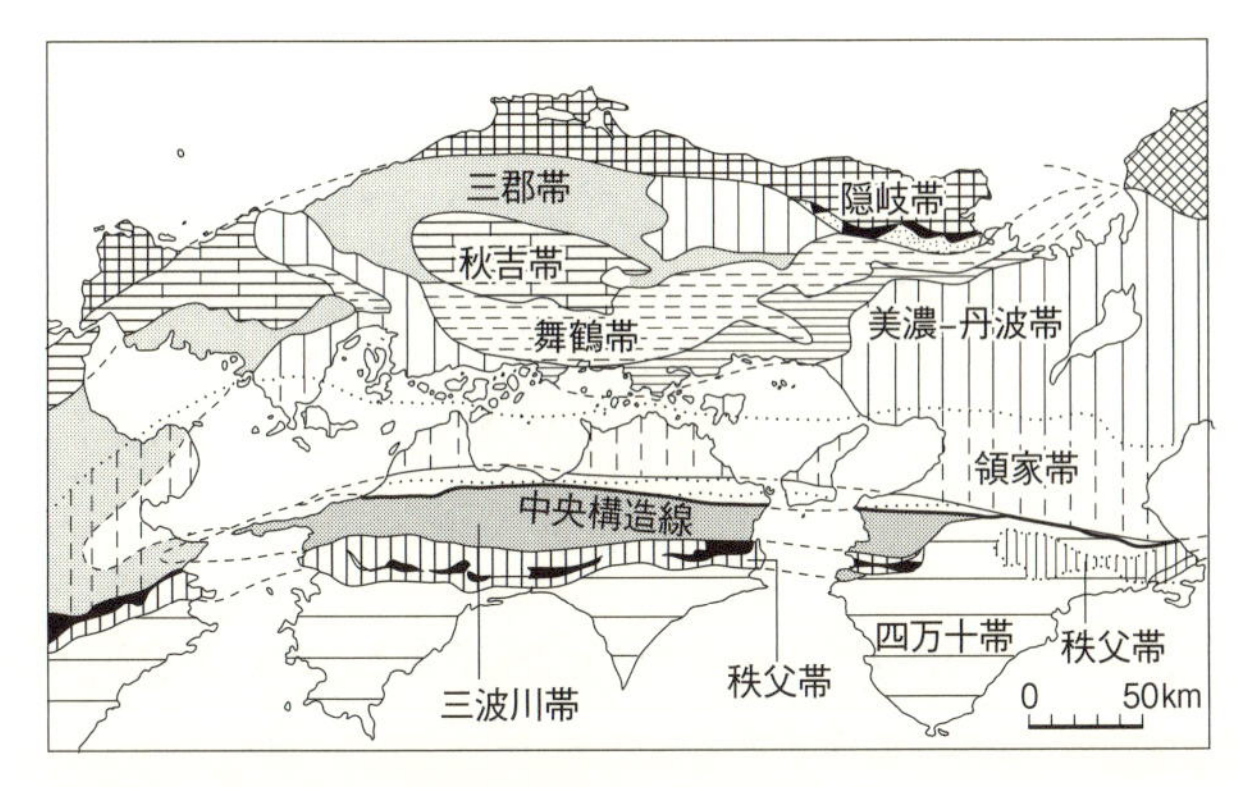

図7.1.1　**西南日本の地質分布図**（太田ほか編『日本の地形6　近畿・中国・四国』東京大学出版会より改変）

南海トラフは、本来、海溝になるはずなのですが、陸に近接しているため陸側からの物質の供給が多く、堆積物に埋められて浅くなっています。そのため、深さは４０００メートル級で、海溝ではなくトラフと名付けられています。

一般的に、海洋プレートが沈み込むことで地殻が歪みますが、プレート境界が滑ることによって地震が起き、歪みは解消されます。しかし西南日本では、プレート境界では歪みがすべて解消されるわけではありません。解消しきれない歪みの一部は中央構造線のずれで解消されるため、そこでは活断層のずれによる内陸地震（直下型地震）が起きます。

フィリピン海プレートは四国に対して西北西に斜めに沈み込んでいるため、中央構造線より南の岩盤は斜め沈み込みに引きずられて西へ、北側の岩盤は相対的に東へ動きます（図７・１・２）。そのため

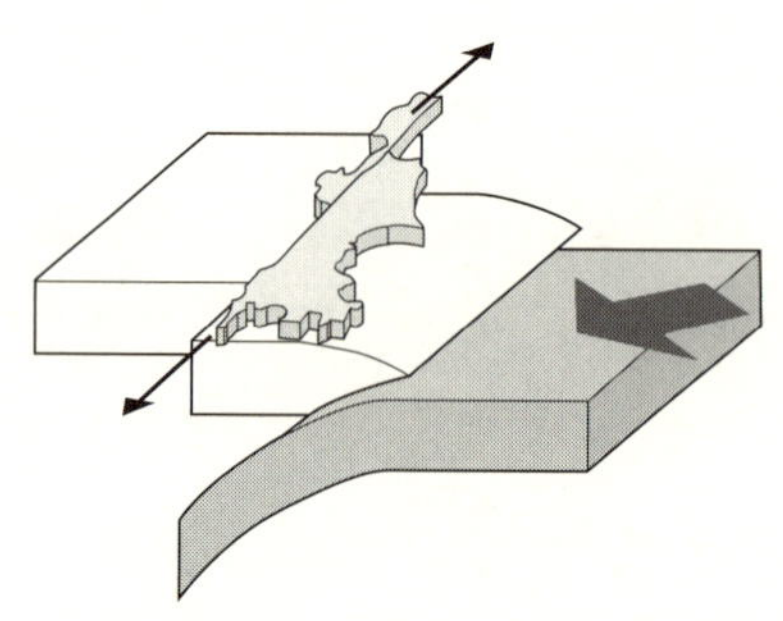

図7.1.2 フィリピン海プレートの斜め沈み込みと、中央構造線の横ずれのモデル図

中央構造線は「横ずれ断層」として活動しています。世界には、インドネシアのスマトラ島のスマトラ断層やチリ太平洋側のアタカマ断層など、沈み込み帯に沿って似た断層が存在し、その多くが活発な活断層です。

海洋プレートが沈み込み続けてきたことで、海洋プレート上の堆積物がプレートの沈み込み時に大陸側に押し付けられ、付加体ができます。西南日本の基盤となる岩石は、この付加体がもとになっていて、海洋プレート側から内陸側に向かうほど年輪のように形成年代が古くなっていきます。

西南日本外帯では、押し付けられた付加体の跡が、帯状の地質構造になったと考えられます（図7・1・1）。これらの地質帯を海洋プレート側から、「四万十帯」「秩父帯」「三波川帯」と呼びます。四万十帯は、恐竜が繁栄し絶滅した白亜紀末から第三紀（1億4500万年前～2600万年前）の間に大陸の縁に作られた付加体です。この構

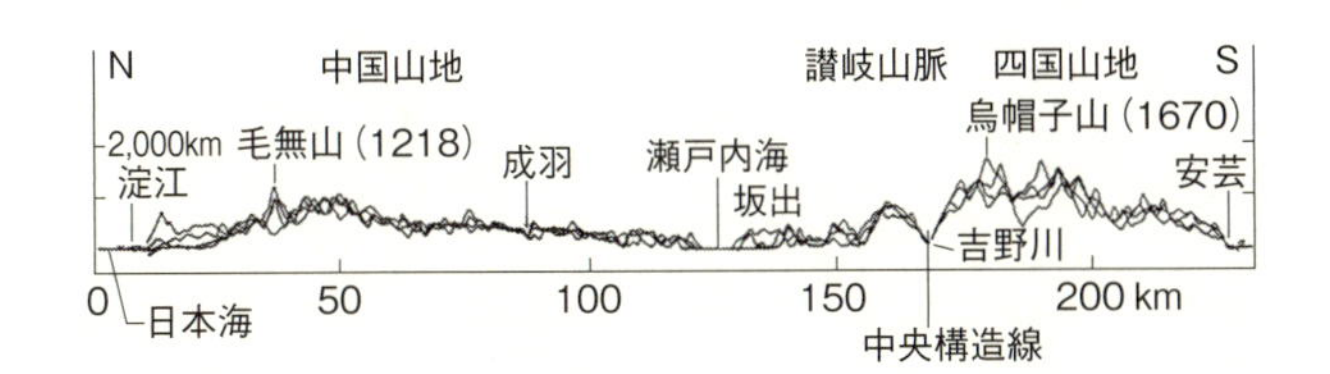

図7.1.3 **西南日本の南北地形断面**（小池2001原図，米倉ほか編『日本の地形1　総説』東京大学出版会より改変）
中央構造線より南側、図では右側の外帯山地が内帯の山々よりも高いことが分かる。

造は九州から関東山地まで続き、外帯山地と呼ばれる九州、四国、紀伊半島、関東山地の山地を形作っています。東京の観光地として有名な高尾山には、まさにこの四万十帯の地層が現れていて、深海堆積物から引き剝がされたチャート（硅岩）と呼ばれる硬い岩石や、陸上から供給された砂岩などの岩体が混じり合い、付加体の特徴がよく表れています。

秩父帯は、始祖鳥が出現したジュラ紀（２億年前～１億４５００万年前）の間に作られた付加帯です。さらに北にある三波川帯は、古生代～中生代のジュラ紀（５億５０００万年前～２億年前）に作られた付加体の堆積岩が、白亜紀に変成作用を受けてできた岩石で形成されています。このように、堆積岩や火成岩が高い温度や圧力を受けて鉱物の種類が変わってしまった岩石を変成岩といいます。三波川帯は比較的低温で高い圧力を受けてできました。

一方、西南日本内帯では、中央構造線のすぐ北に「領家帯」が存在します。これは三波川帯同様、変成岩からできています。しかし、三波川帯とは異なり白亜紀にマグマから作られた花崗岩が地下深くまで運ばれ、そこで高温変成を受け、再び隆起して地表に現れたものです。さらに北には「美濃—丹波帯」「舞鶴帯」「秋吉帯」「三郡帯」「隠岐帯」など、三波川帯よりも古い、古生代〜中生代の堆積岩や、それが変成されてできた変成岩からなる地質帯が分布します。日本で恐竜などの中生代以前の古生物化石は、これらの地質帯の堆積岩中から発見されています。

これらは日本列島がまだユーラシア大陸の一部だったとき、その沖合で海洋プレートが沈み込むことで形成されたものです。

西南日本の南北地形断面を見てみると、中国山地よりも、高度１６７０メートルの烏帽子山を含む四国の外帯山地のほうが高いことが分かります（図７・１・３）。九州でも同様、外帯山地の延長部分である屋久島宮之浦岳の高度は１９３６メートルで、九州山地の中で最も高いのです。

南海トラフ地震が起きるしくみ

四国沖を東北東方向に走っている南海トラフはフィリピン海プレートが沈み込む、プレートの境界です。ここでは、マグニチュード８級の巨大地震が繰り返し起きています。歴史記録や考古学の資料から、日向灘（ひゅうがなだ）から駿河湾までの南海トラフはそれぞれ１４０キロメートルから１８０キロメートルほどの5つの区間に分けられ、それらのうちのいくつかが連動して巨大地震を発生させてきたことが分かってきました（図７・１・４）。最近の地震は１９４４年にC、Dの区間が動き「東南海地震」が、１９４６年にA、Bの区間が動き「南海地震」が起きました。

さらにさかのぼると、１８５４年11月4日にC、D、Eの区間が動き「安政東海地震」が発生、翌5日にA、Bの区間も動き「安政南海地震」が発生して、死者数千名という被害をもたらしました。

このように、南海トラフのある区間で地震が発生すると、隣接する区間でも連動して大地震が発生します。連動する際の時間間隔（タイムラグ）はほぼ同時の場合もあれば、１日後、１週間後、あるいはもっと長い時間、場合によっては数年後となることもあります。この時間差で隣接区間に巨大地震が発生し、最終的に南海トラフ全体にわたって地震が起きることが分かっています。このような活動がおよそ１００年ごとに繰り返されてきました。

将来、南海トラフでマグニチュード8クラスの地震が発生すると考えられるのは、２０４５年あたりです。発生間隔に大きなばらつきがあるため、早ければあと15年ほどで巨大地震が発生する可能性もあります。

このことは前から想定されていたのですが、２０１１年に東日本大震災を引き起こしたマグニ

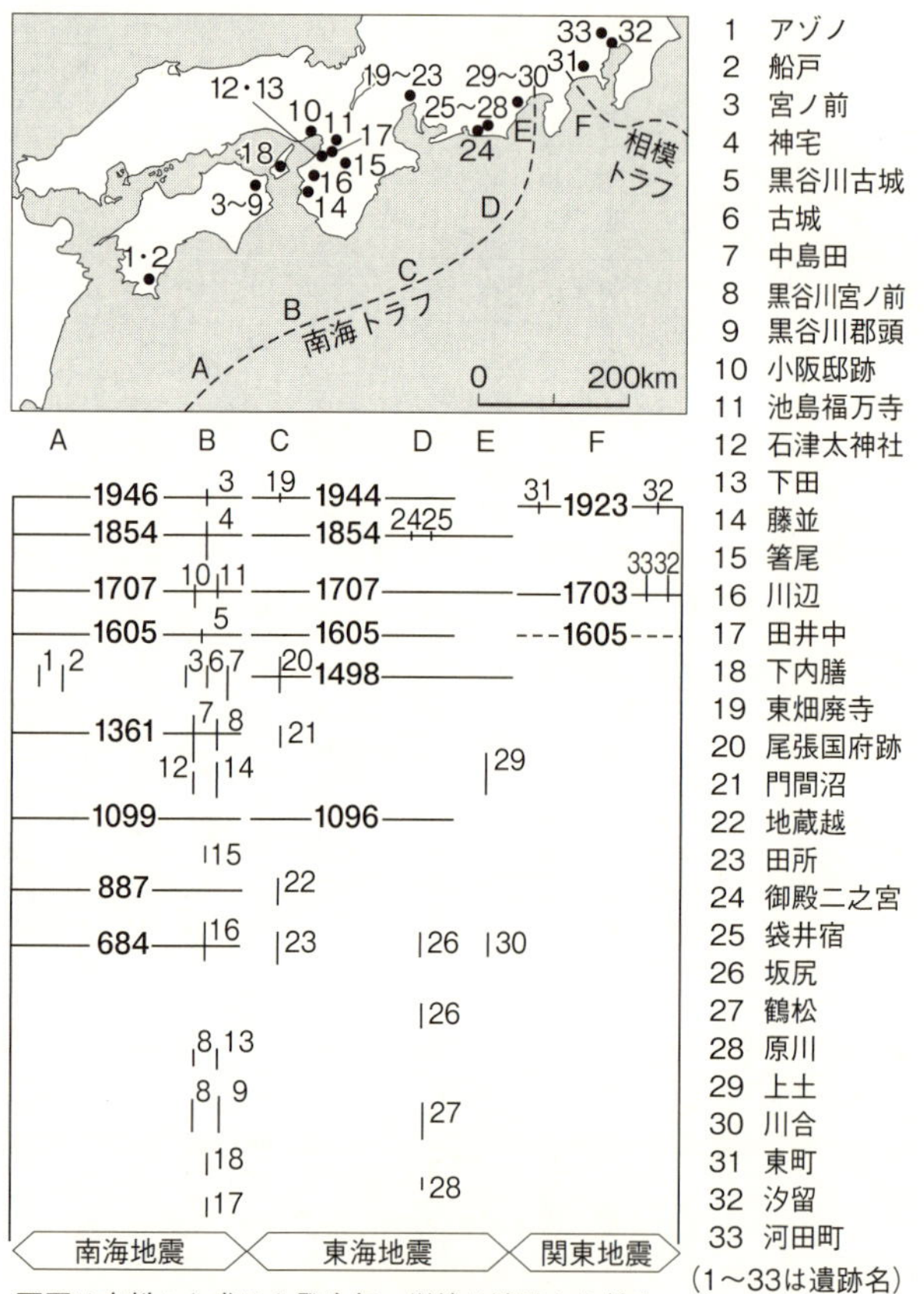

西暦は史料から求めた発生年。縦線は遺跡から検出された地震跡の年代幅（5は内陸地震の可能性大）。

(図7.1.4) **南海トラフの区分と、遺跡の分布**（寒川旭『地震　なまずの活動史』大巧社より改変）

遺跡に残る地割れなどの地震跡から、過去の地震の発生時期を推測することができる。下図は、南海地震、東海地震、関東地震の発生時期。たとえば、684年に発生した地震は、16番の「川辺」遺跡に残る地震跡からA、Bの区間がずれて起きた「南海地震」で、東海や関東地方の遺跡にも地震跡が残っていることが分かる。

チュード9・0の東北地方太平洋沖地震によって状況が大きく変わりました。「想定外」の災害の存在を知ることになったのです。

東北地方太平洋沖地震は、東北の太平洋沖を南北に延びるプレートの沈み込み境界となる日本海溝で発生しました。日本海溝では、それまでマグニチュード9・0の地震は起きたことがなく、最大でもマグニチュード8・0までの地震しか知られていませんでした。

地震のマグニチュードが1大きくなると、地震のエネルギーは32倍大きくなります。これは、断層がずれた震源域の面積と比例するので、マグニチュード9・0ではマグニチュード8級に比べかなり広い面積が動いたということになります。つまり海底の地殻変動も大きくなり、結果的に海底が持ち上げられて発生する津波も大きくなります。その結果、東北地方の沿岸は、想定外の津波による未曾有の災害を被ったのです。

このことをきっかけに、次に来るかもしれない「南海トラフ地震」では想定外をなくすために、マグニチュード9・0の地震が起きることを想定し、対策が進められています。南海トラフ地震の被害が最大になるのは、南海トラフのすべての区域が同時に動いた場合です。その場合に起きる超巨大地震を想定して、浸水域の想定拡大や避難対策、防潮堤のかさ上げなどさまざまな対策が講じられています。

海岸段丘に残された隆起の歴史

巨大地震の発生時には地殻変動が起きます。地殻変動による広い範囲の海底の隆起や沈降は、津波の発生や、沿岸域の土地の隆起や沈降という現象として認められます。

684年に発生した土佐沖の南海トラフを震源とする「白鳳(はくほう)地震」では、土佐の沿岸に津波が押し寄せ、現在の高知市東部で水田約12平方キロメートルが海の中に沈んだことが『日本書紀』に記録されています。これは南海トラフの巨大地震にともなう地殻変動による沈降が、沿岸域に現れたものと考えられます。同様のことが、その後の1946年の南海地震でも起きています。

これらの地震時には、太平洋側に突き出た室戸(むろと)岬や足摺(あしずり)岬では、逆に地盤が激しく隆起したことが分かっています。地震の前後で地盤の高さの変化を測る「水準測量」によれば、隆起量は室戸岬の南端で最大で、北へ行くにつれて徐々に低下していきます。これは岬の先端が隆起し、内陸に向かって沈降する「傾動」を示しています。この傾動は岬の上方にある半島に発達する海岸段丘にも見ることができます（写真7・1・1）。

海岸段丘とは、昔の海水面付近で、波の作用で削られたり埋められたりして形成された平坦面が隆起し、海岸に沿って階段状の平地として残された地形のことです（図7・1・5）。海岸段丘では、上にあるものほど形成時期が古い地形面になりますが、地形面が上にいくほど傾きが大

写真7.1.1 **室戸岬と海岸段丘の航空写真**（提供・前杢英明氏）

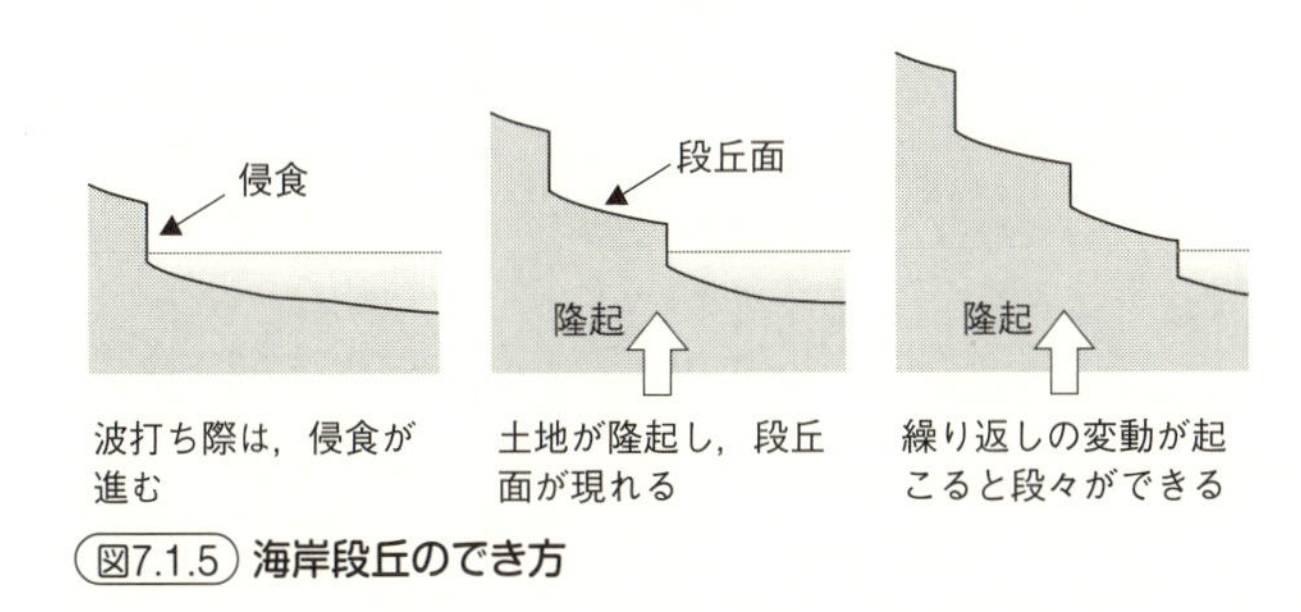

図7.1.5 **海岸段丘のでき方**

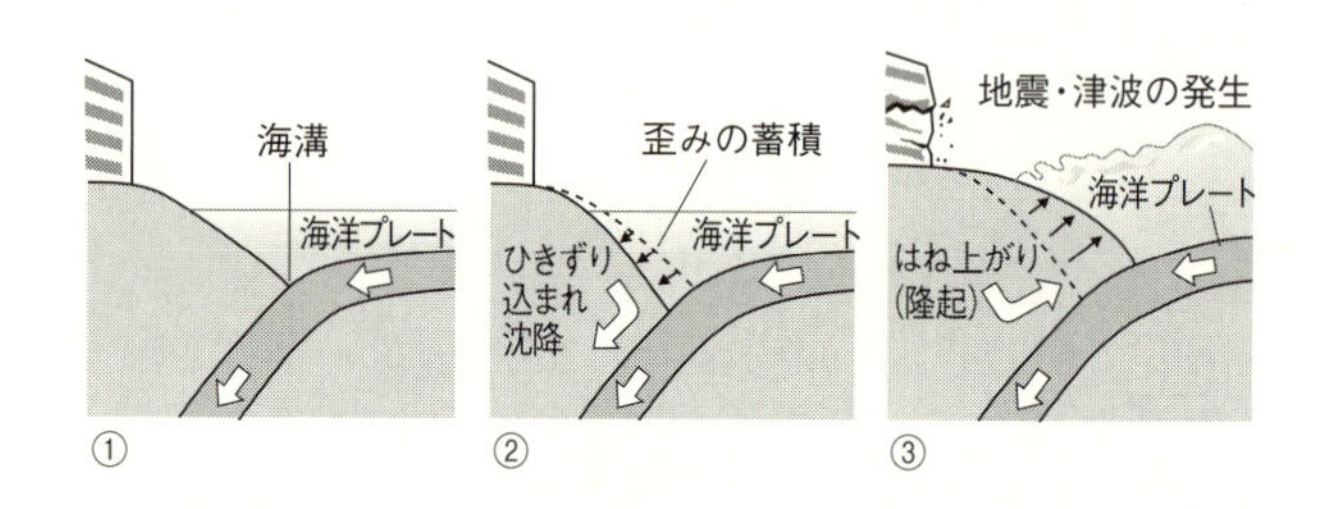

図7.1.6 **岬の沈降と隆起のモデル**
地震がない通常時には、沈み込む海洋プレートに引きずられて沈降し、引きずられて発生する歪みを解消するためにはね上がり（隆起し）、地震が起きる。

きく、逆に新しい地形面である下にいくほど緩やかになっているのが観察できます。これは、古い地形面ほど地盤の隆起と傾動が蓄積されているためです。

しかし、巨大地震間、つまり巨大地震のない時期に行われた水準測量が示す地殻変動は、地震時とはまったく逆の傾向を示します。巨大地震のない通常時には、岬の先端ほど大きく沈降し、内陸ほど隆起しているのです。つまり、通常時には岬が沈降し続け、地震時には逆に一気に隆起していることを示します。このことから、通常時はプレートの沈み込みに引きずられて岬の先端部は一緒に沈降し、地震時にはプレート境界断層の活動で、上盤側は切り離されて反発し隆起する地震発生モデルが考えられます（図7・1・6）。

巨大地震によって隆起する量は、通常時に沈降する量より大きいため、その差がだんだん累積して岬は長期的に隆起していきます。室戸岬では、平均すると1000年に2メートルの速度でこの隆起が起きています。

岬はどうしてできるのか

西南日本の太平洋側には、御前崎（おまえざき）、潮岬（しおのみさき）、室戸岬、足摺岬などの岬が150キロメートル程度の間隔をおいて海側に突き出しています。これはプレートの沈み込みにともなって形成される地形と深く関係しています（図7・1・7）。

南海トラフでフィリピン海プレートが沈み込むときに、海底の堆積物がはがされて上にあるユーラシアプレートに取り残され、付加体となります。プレートが沈み込むにしたがって付加体はどんどん成長し、盛り上がって外縁隆起帯となります。この高まりの陸側には、沈み込む海洋プレートによって上盤側が引きずられて少し沈降した「前弧海盆（または深海平坦面）」が形成されます。岬間の150キロメートルの幅はちょうど、この前弧海盆の長径と一致します。つまり、突き出した岬と岬の間に前弧海盆があるということになります。

一般的に、海溝（西南日本ではトラフ）に対して直交方向にプレートが沈み込めば、海溝の方向と平行に外縁隆起帯が形成されます。しかし、四国沖では、それぞれの外縁隆起帯の高まりは、海盆の東側では北東方向に曲がって伸び、さらに岬に続くように見えます。このように外縁

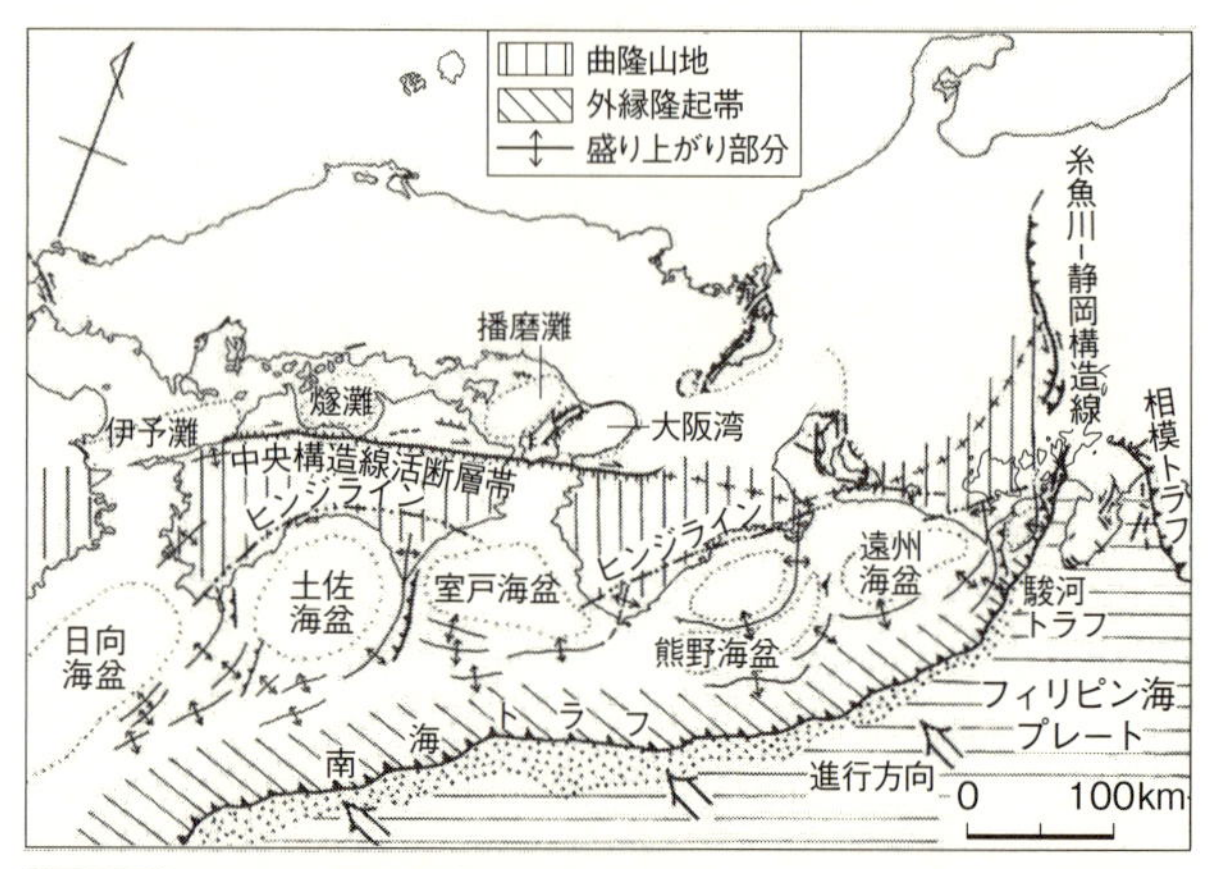

図7.1.7 **西南日本の構造図**（太田ほか編『日本の地形6 近畿・中国・四国』東京大学出版会より改変）

プレートが沈み込む南海トラフより内陸側にできる海盆を区切るように岬が海側に突き出ている。西南日本における岬の形成位置はプレートの斜め沈み込みと関係している。

隆起帯が屈曲しているのは、フィリピン海プレートが東北東に延びる南海トラフに対して西北西へ斜めに沈み込んでいるので、その結果雁行状のシワができたと考えることができます。

ゆっくり隆起を続ける外帯山地

岬の北側には、地震時にはほとんど隆起しない「ヒンジライン」と呼ばれる相対的な低地があります。地震間にゆっくりした隆起運動を受けているので、必ずしも低地が連続しているわけではなく、高い土地も含まれます。あくまでも相対的な低地です。

さらに、その背後の中央構造線とヒン

ジラインとの間には、九州山地や四国山地、紀伊山地などの西南日本外帯の山地（外弧山地）が形成されています。この山地は「曲隆山地」と呼ばれ、常時ゆっくりと隆起をしているゾーンです。

つまり四国の南側は地震時に跳ね上がり、地震のないときは沈降するような、まるでシーソーのような運動をしている一方、北側はただ一様に隆起しているだけといえます。この北側の地域がこのような隆起を続ける理由は、まだ明らかではありません。考えられる理由のひとつとして、プレートの沈み込みにともない、海底の堆積物が陸側に付加されて付加体が内陸側に成長することで、高まりが少しずつ大きくなり、内陸側の体積が増えて隆起することが考えられます。

7◆2 瀬戸内海と中国地方

象が行き交っていた瀬戸内海

瀬戸内海は本州、四国、九州に囲まれた日本最大の内海で、古代から九州と近畿を結ぶ海上交通路として利用されてきました。700有余の島が分布する、波が穏やかなこの海域は、荒波が打ち寄せる太平洋や日本海の沿岸とは異なる独特の景観を呈しています。

瀬戸内海では、水深60メートルより浅い海域が大部分を占めます。過去の氷期・間氷期の海水準変化を見ると、現在は比較的海水面が高い時代なので瀬戸内海は海になっていますが、120メートルほど海水面が低かった2万年前には、完全に干上がって陸地となっていました。瀬戸内海の海底からナウマンゾウの臼歯や牙などの化石が多く発見されたことから、当時はナウマンゾウの食糧となる植物が生育し、さまざまな動物が行き来していた地域であったと考えられます。

この時期には、現在の瀬戸内海地域を東西方向に流れる河川が形成されていました（図7・2・1）。その流域は、岡山と香川の間の「備讃瀬戸（びさんせと）」付近を最上流として、東西に分かれて広がっていました。西への水系は愛媛県の燧灘（ひうちなだ）、安芸灘、伊予灘、豊後（ぶんご）水道を通って太平洋に注い

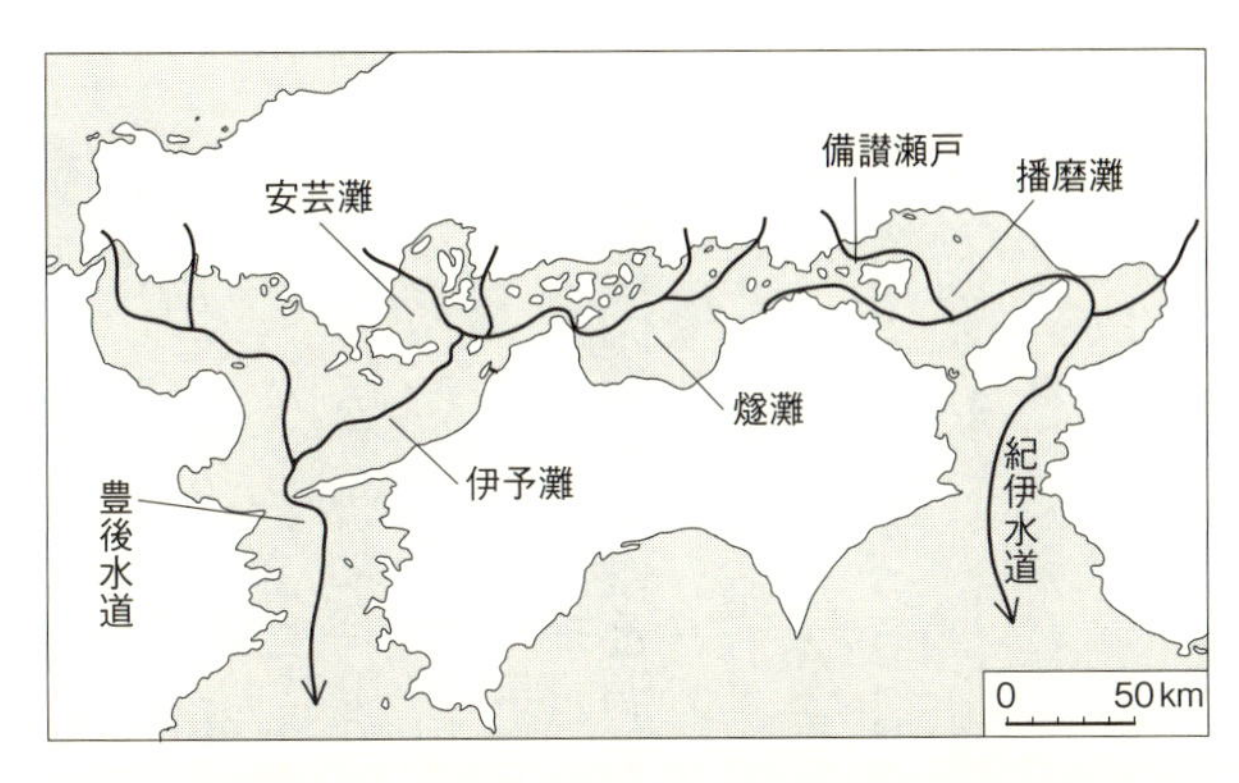

図7.2.1 最終氷期、海水面が低かった時期の瀬戸内海の水系
（桑代1959原図，太田ほか編『日本の地形6　近畿・中国・四国』東京大学出版会より改変）

でいたのです。一方、東への水系は播磨灘（はりまなだ）から紀伊水道を通って太平洋に注いでいました。

瀬戸と灘

瀬戸内海の特徴のひとつは、「灘（なだ）」と呼ばれる比較的広い海域と、「瀬戸（せと）」と呼ばれる島が密集した狭い水域が、約50キロメートルの間隔で交互に並んでいることです。灘は、瀬戸内海が陸地だった時代には、一種の盆地、低地であったところです。一方瀬戸は、川の上流域などの高い土地、あるいは非常に渓谷が発達した地域だったところです。なぜこのような地形ができたのでしょう。

これは、その南、四国の北部を東西に走る中央構造線の活動と関連していると考えられます。前にも触れたとおり、中央構造線は、プレートの斜め沈み込みによって島弧の方向と平行に形成された大断層であり、中央構造線から南側の部分は西方に、北側の部分は東方に移動する「右横ずれ」が起きています。

この右横ずれにともない、中央構造線より北側の部分に、50キロメートル間隔で雁行状のシワができました。このシワの盛り上がった部分が瀬戸、くぼんだ部分が低地である灘になったと考えられます。左腕の内側を右手で時計回りにねじるように軽くつねってみて下さい。指の間に斜めに（雁行状に）何本もシワが寄るでしょう。右手の動きが中央構造線のずれで、シワの盛り上がりが瀬戸、くぼみが灘にあたります。

瀬戸内海式気候と渦潮

瀬戸内海とその沿岸地域は、南の四国山地と北の中国山地に挟まれた相対的な低地です（図7・1・3）。これらの山地が夏と冬のモンスーン（季節風）を遮るため、年中温暖で穏やかな気候が特徴です。これを「瀬戸内海式気候」と呼びます。全国的に見ても積雪や台風の被害が少なく、晴天が多いので、この地域では塩づくりが盛んに行われてきました。

一方でこの地域は、水不足に悩まされてもきました。ほぼ毎年起こる干ばつの影響を少なくするために、古代より多数の溜め池が作られており、とくに讃岐（さぬき）平野や岡山平野で多く見られます。溜め池は、丘陵を刻む小さな谷の出口や、扇状地などの農耕地に堰を作って灌漑用の水を溜めておくためのものです。

現在都市化が進み、水田がなくなった地域では、不要な溜め池は埋め立てられ、広い土地を必要とする学校や工場などの用地に転用されています。そんな中、香川県琴平町の近くにある「満濃池」という周囲20キロメートルに及ぶ巨大な溜め池は、８世紀初頭に作られたもので、改修を重ねて現在も大切に残されています。

四国と淡路島の間にある「鳴門海峡」の渦潮をご覧になったことがあるでしょうか。穏やかだった海面が急に荒れて波立ち、小さな船が巻き込まれるような、最大で直径20メートルもの渦を巻く姿は勇壮です。この鳴門の渦潮は、イタリアのメッシーナ海峡、アメリカのセイモア海峡と合わせて、世界三大潮流に数えられるそうです。

この渦潮は、シンクの水を排水するときにできる渦巻きのように、海水が地下に流れ込んでできるわけではありません。じつは、狭い海峡を勢いよく海水が流れることによってできる渦なのです。

太平洋の満潮時、そこで高まった潮位が、紀伊水道から淡路島の東側の紀淡海峡（友ヶ島水道）を通って大阪湾に伝わり、淡路島の北側の明石海峡から播磨灘に伝わります。これを「潮汐波」と呼びます。このとき、満潮が紀伊水道から播磨灘に達するまでに５・２時間かかります。この頃には紀伊水道は干潮になっており、播磨灘の潮位は紀伊水道より１・３メートルほど高くなっています。この播磨灘の海水が、淡路島の西側の狭い鳴門海峡を通って潮位の低い紀伊水道に一気に流れ込むことで、渦潮が生まれるのです。

逆に、紀伊水道が満潮のときには播磨灘の潮位が低くなっているので、紀伊水道から狭い鳴門海峡を通って播磨灘へ海水が流れ込み渦潮が生まれます。1日それぞれの向きに2回ずつ、合計4回約6時間ごとにこの現象が起きます。

中国山地

中国山地は、中国地方に背骨のように延びる、標高1500メートル以下の山々が連なる「脊梁(せきりょう)山地」を中心に、それを取り囲むように標高900メートル以下の「吉備(きび)高原」や「石見(いわみ)高原」などの高原地域で構成されています。いずれも頂には小起伏面が形成されています。小起伏面とは、あまりでこぼこのないなだらかな尾根を持った地形のことです。

地形の「幼年期」という用語を、皆さんも聞いたことがあるかもしれません。これはアメリカの地形学者デービスが唱えた、地形が侵食によって変化していくという地形学の考えに基づく用語です。

この考え方では、川が流れる平坦な「原地形」、隆起して谷ができ始める「幼年期」、最も起伏が大きい「壮年期」、谷や山がなだらかになる「老年期」、平坦で小起伏がある「準平原」という具合に、地形の変化を人の一生になぞらえています。準平原は地殻変動で隆起して原面となり、再び「幼年期」から侵食が始まり地形変化が繰り返されるという、「侵食輪廻（りんね）」の地形発達のプロセスが考えられたのです。

デービスの侵食輪廻では、地球には短期間に地殻が激しく隆起（または沈降）する時期（変動期）と、安定化して長期的に侵食を受けるだけの時期（侵食期）があると考えてモデルが作られています。しかし、実際には地殻変動と侵食作用は同じ時期（期間内）に絶えず発生していて、その複合によって地形は変化していきます。ですから、現在ではデービス地形学をそのままの形で受け入れるわけにはいきません。

ところで中国山地は、このデービス地形学の「準平原」が日本で初めて指摘された地域です。そのため、明治時代の末から地形の研究が盛んに行われてきました。しかし、侵食を受けているために、地形面を構成した堆積物の地層が残されていません。つまり、その地形がいつ頃どのようにできたか、その地形と同じ時期に形成された地形がどこにあるか、などの明確な見解が得られていない地域でもあります。

新たな年代分析の方法によって、地層の起源が明らかになった例があります。脊梁山地の南部、岡山県から広島県にまたがる吉備高原には、「山砂利層」と呼ばれる数十センチメートルの礫を含む地層が分布しています。かつては中新世（２３００万年前～５３０万年前）の堆積物と考えられていましたが、近くには化石や火山灰など年代を示す指標はなく、また風化が激しいために正確な年代を求めることは困難でした。

しかしその後、この地層はさらに古い古第三紀（6500万年前～2400万年前）の堆積物だったことが分かりました。年代を明らかにしたのは、ウランの同位体であるウラン238（^{238}U）の性質を活用した「フィッション・トラック法」という方法です。第4章でも述べていますが、ウラン238には自然に核分裂する性質があり、それを含む鉱物には核分裂のたびに放射線が通る傷（フィッション・トラック）がつきます。時間が経つほど傷の密度が増すことから、その鉱物を含む岩石の年代を測定することができるのです。

遠い火山フロント

中国山地は脊梁山地を含む中央部が最も高く、日本海側と瀬戸内海側に向かって高度を下げており、南北の断面で見ると三角屋根のような形をしているといえます。現在もゆっくりとした速度で徐々に山地が隆起し、両側地域が沈降する運動が起きているために、中央部が相対的に高くなっていると考えられます。

中国山地の日本海側には、山口の徳山金峰山（みたけさん）から東に青野火山群、大江高山（おおえたかやま）、三瓶山（さんべさん）、大山（だいせん）と続く火山列が形成されており、これは西南日本の火山フロントの一部とされています。第四紀

（260万年前以降）の間に形成された火山としては、比較的古い大江高山と新しい大山と三瓶山が挙げられます。

第1章などでも述べているように、火山フロントは海洋プレートが沈み込み、深さ100キロメートルに達した地点の真上に形成されます。つまり、プレートの沈み込み角度が深ければ、沈み込み境界である海溝と火山フロントの距離は短く、沈み込み角度が浅ければ距離は長くなります。日本海溝から東北地方の火山フロントまでは約300キロメートルしかありませんが、中国地方の火山フロントは南海トラフから約400キロメートルも離れています。これは、中国地方ではフィリピン海プレートの沈み込み角度が、太平洋プレートに比べてずっと浅いことを示しています。

鉄穴流し（かんなながし）と山陰の平野

山陰地方には平野が多くありませんが、唯一大きな平野が広がっているのが島根半島と出雲（いずも）との間の低地です。ここには出雲平野、松江平野、弓ヶ浜、米子平野などいくつもの平野が見られます（図7・2・2）。これらの平野はどのようにできたのでしょう。例として出雲平野の形成過程を見てみましょう。

島根半島と本土の間、今の出雲平野がある場所は、瀬戸内海と同様、海水面高度が下がる氷期には干上がり、台地から見ると80メートルもの深さの谷がある陸地でした。その後氷期が終わり、海水面が上昇すると、この谷に海水が入ってきて、島根半島と本土との間に海ができ、半島は島になりました。7000年前の縄文時代のことです（図7・2・3）。

その後、川が運ぶ土砂の堆積により、島の西端と本土との間に砂州が形成され、その東側には潟湖（せきこ）が形成されました。縄文時代末期になると、南にある三瓶火山の噴火によって発生した火砕流が大量に供給され、潟湖を埋めて三角州が急激に発達します。2700年前までには島と本土がつながり、潟湖は西の「神門水海（かんどのみずうみ）」と東の「入海（いりうみ）」に分離されました。

さらに堆積が進み、三角州が発達しながら、2つの潟湖は埋め立てられ縮小していきます。一説によれば7世紀末には西側の砂州だったところに出雲大社が建立されました。733年の『出雲国風土記』には当時の地形の様子が記録されており、島と本土との間の砂州について「（神門）水海と大海（日本海）の間に山があり、白砂が積もっている」とあり、今はなき神門水海の存在がうかがえます。

奈良時代以降は、神門水海はほとんど埋められ、小さな池沼や神西湖（じんざいこ）を残しました。一方、島根半島の東端部の入海は縮小して現在の宍道湖（しんじこ）になりました。こうして、半島と本土との間にある海が堆積作用によって埋め立てられ、現在の出雲平野ができたのです。

このような砂が堆積する原理は、現在の土木工事に活用されています。島根半島の前身の島と

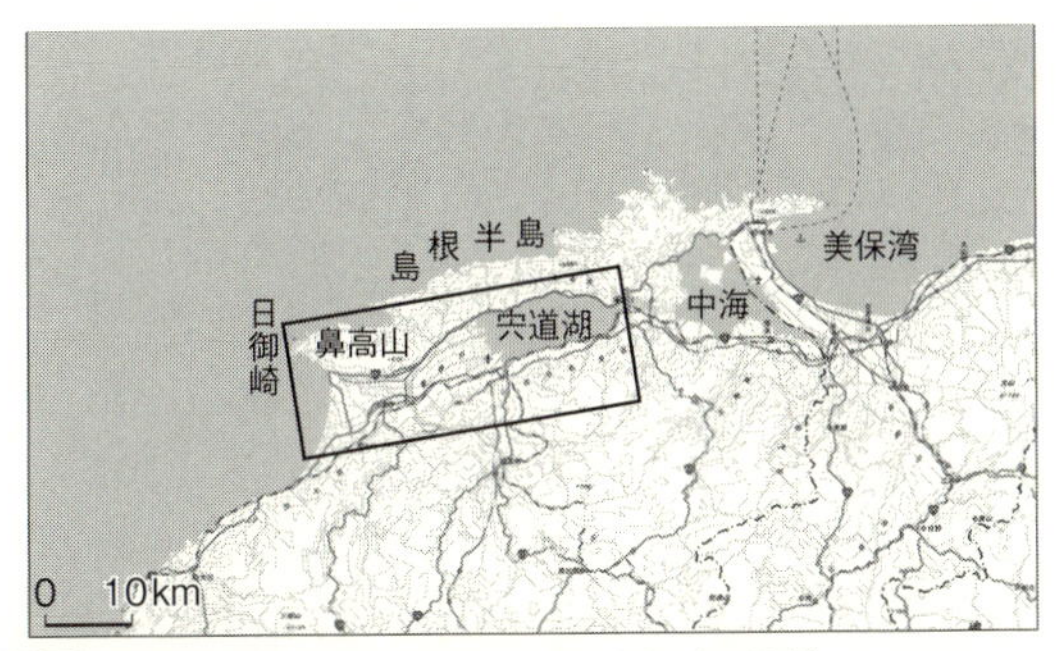

図7.2.2 **山陰地方で唯一大きな平野が広がる地域**（地理院地図）
四角枠は図7.2.3で示した範囲。

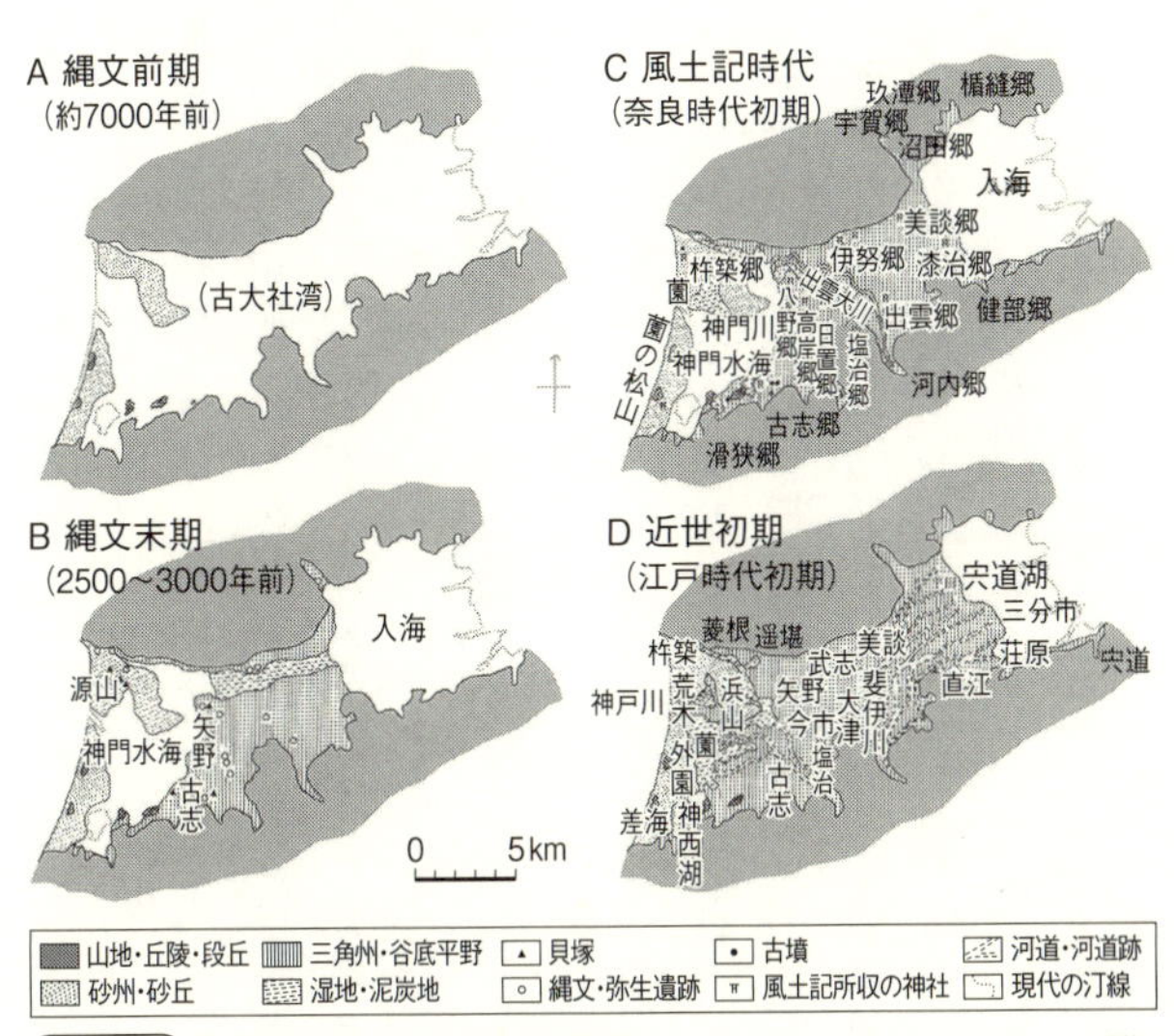

図7.2.3 **出雲平野の古地理の変遷**（太田ほか編『日本の地形6 近畿・中国・四国』東京大学出版会より改変）

本土のように、海岸と平行な堤防（離岸堤）を海中に作れば、両者の間に堆積物が砂州を作り、海岸の侵食が防げるというわけです。

近世以降は、出雲平野を含む周辺地域で平野が急速に拡大した時代といえます。これは、大正時代までの３００年間、神戸川、斐伊川、日野川流域で盛んだった鑪製鉄に関係があります。

鑪製鉄とは、砂鉄を数日間燃やし続けて純鉄を得る日本古来の製鉄法です。材料となる砂鉄を採取するために、風化花崗岩の山地を、流水を用いて大がかりに切り崩し、不要な砂は川に流す「鉄穴流し」と呼ばれる方法が取られました。流されたこの大量の砂が下流域に堆積し、平野の拡大を加速させたと考えられるのです。

鉄穴流しが行われた３００年間で、日野川流域で削り出された土砂の量は２・７億立方メートルと見積もられます。これは現在の宍道湖の容積３・７億立方メートルに迫る量です。

米子の弓ヶ浜は、美保湾のほうから外浜、中浜、内浜という３つの浜で構成されていますが、そのうち、幅の広い外浜は江戸時代に形成され広がったところです。内浜と中浜の砂は、山から自然に流れてきて堆積したものであるのに対して、外浜は鑪製鉄のために掘削された砂が大量に混じって堆積したものです。その証拠として、外浜の砂の中には溶鉄の途中で生成される不純物、鉱滓が多く含まれています。海岸に行くと、今でもそうした鉱滓を拾うことができます。

第8章

九州

map data : SRTM 90m Digital Elevation Database v4.1

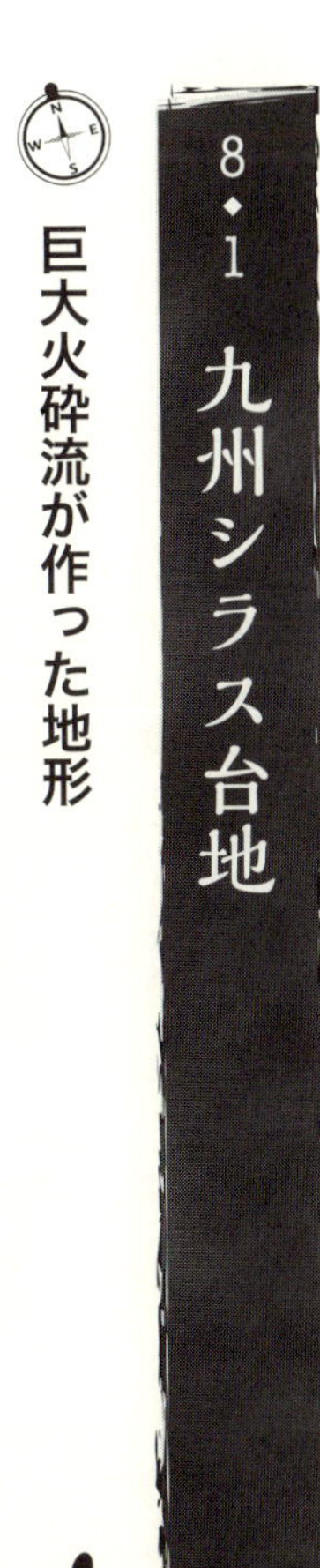

8◆1 九州シラス台地

巨大火砕流が作った地形

もし皆さんが鹿児島や熊本を空路で訪れることがあったら、飛行場から市街地までの道の周辺の様子に注目してみてください。飛行場は周辺に高い山のない平坦地ですが、市街地に行くには長い坂を下って行くことに気付かれるでしょう。鹿児島や熊本では、市街地の近くに飛行場になるような広い台地が存在しています。これは、火山噴出物である「シラス」と呼ばれる白い軽石やガラス質の砂で構成されており、カルデラ形成をともなう巨大火砕流が流下し堆積したものです。

このシラスが台地を形作っているということは、この周辺は流れてきた火砕流で一気に埋められたことを示します。堆積した火砕流堆積物はその後、多くが河川による侵食で削られ消失しましたが、削り残された部分が台地になっています。台地の平坦さは火砕流が埋め立てて作った平らな地形の名残なのです。南九州には平野や山地内に、このような火砕流で形成された広い平坦面が多数残っています。

火砕流噴出時には広い範囲がシラスに覆われましたが、一方、山地の斜面では比較的薄く、山地内の谷では谷自体を埋め尽くすように厚く堆積しました。このため、シラスの厚さは場所により大きく変化します。もちろん、噴出源である火山に近いほうが厚くなるはずですが、平均的な厚さというのは示すのが難しいのです。現在、シラスが厚く堆積しているところは、かつて河川に掘り込まれた深い谷が存在していたのかもしれません。

シラス台地とは何か

図8・1・1はシラス台地の地形を示す3D図です。上面が平坦で畑として利用され、台地の末端部は谷になっていますが、平坦面は広く残されています。鹿児島や熊本の空港は、このような高所にある平坦地を利用して作られています。

シラス台地が平坦なことにはいくつかの理由があります。第一に、シラス台地の大部分は3万年前に姶良(あいら)カルデラの大噴火で噴出した入戸(いと)火砕流で構成されており、比較的新しい地形といえます。そのため侵食がまだ進んでいないところがたくさん残っているのです。将来は、徐々に台地が侵食され、平坦な部分がなくなっていくと考えられます。

また、シラスからなる地形が侵食されにくいことも、平坦面が残る一因となっています。一般的に、表面を水が流れる表層流によって地表面は削られますが、シラスは空隙が多く水を浸透さ

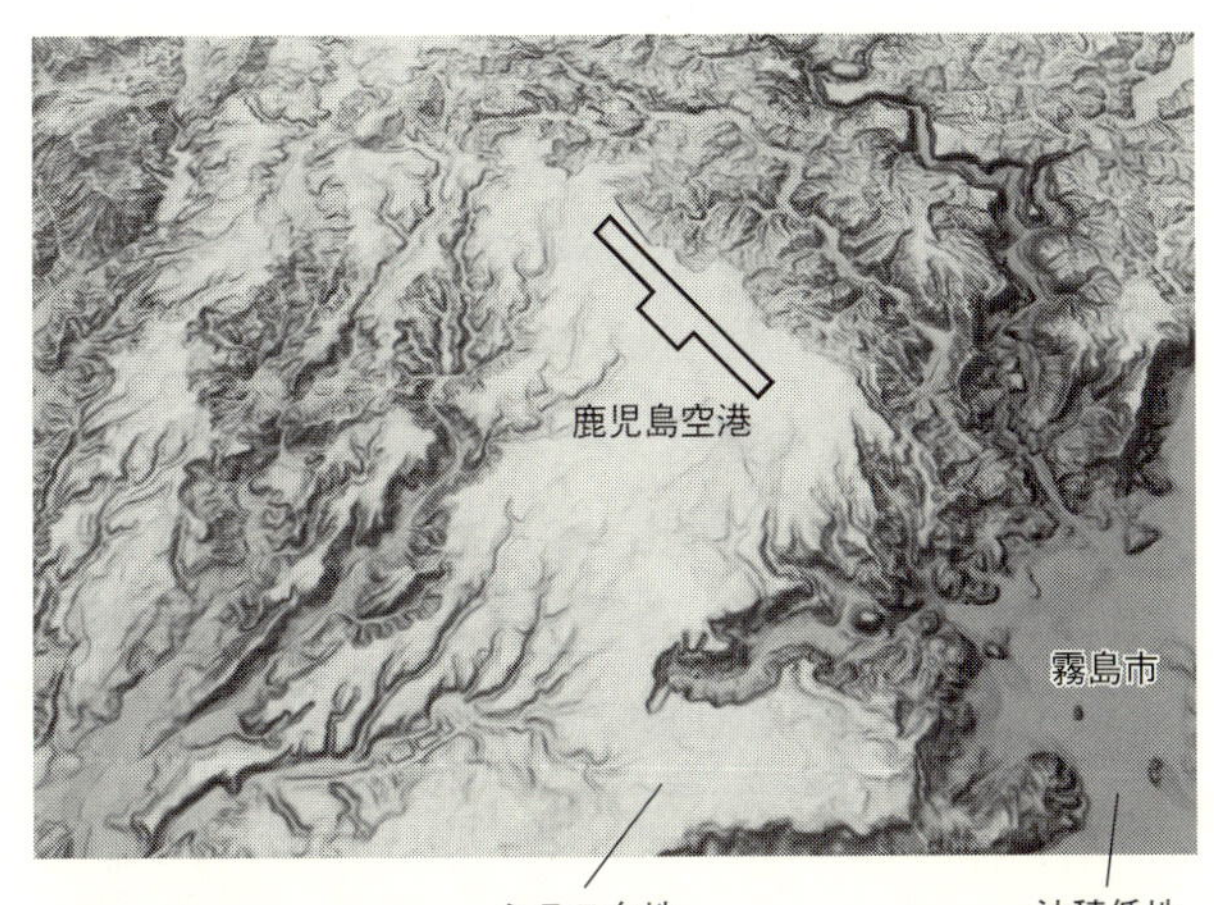

図8.1.1　**鹿児島空港周辺の3Dマップ**
平坦な火砕流台地の上に空港があることが分かる。

せやすいので、表層流が発生しにくいのです。

第二に、シラス台地の上では堆積直後に、平坦な地形を作るような地形・地質学的な作用が働いていたことが挙げられます。ここでは火砕流が流下した直後から、周辺に堆積した火砕流が降雨などで流されて洪水堆積物となり、最初に堆積した火砕流の表面を少し削りながら広く堆積したため、平坦な地形ができたと考えられるのです。これを「二次堆積物」や「二次シラス」と呼んでいます。火山学では、噴火後に生じた泥流なども含めて「ラハール」とも呼ばれています。

図８・１・２は、鹿児島県の大隅（おおすみ）半島中央部にあるシラス台地、笠野原台地の模式的な断面です。台地の最上部には、わずかに火砕

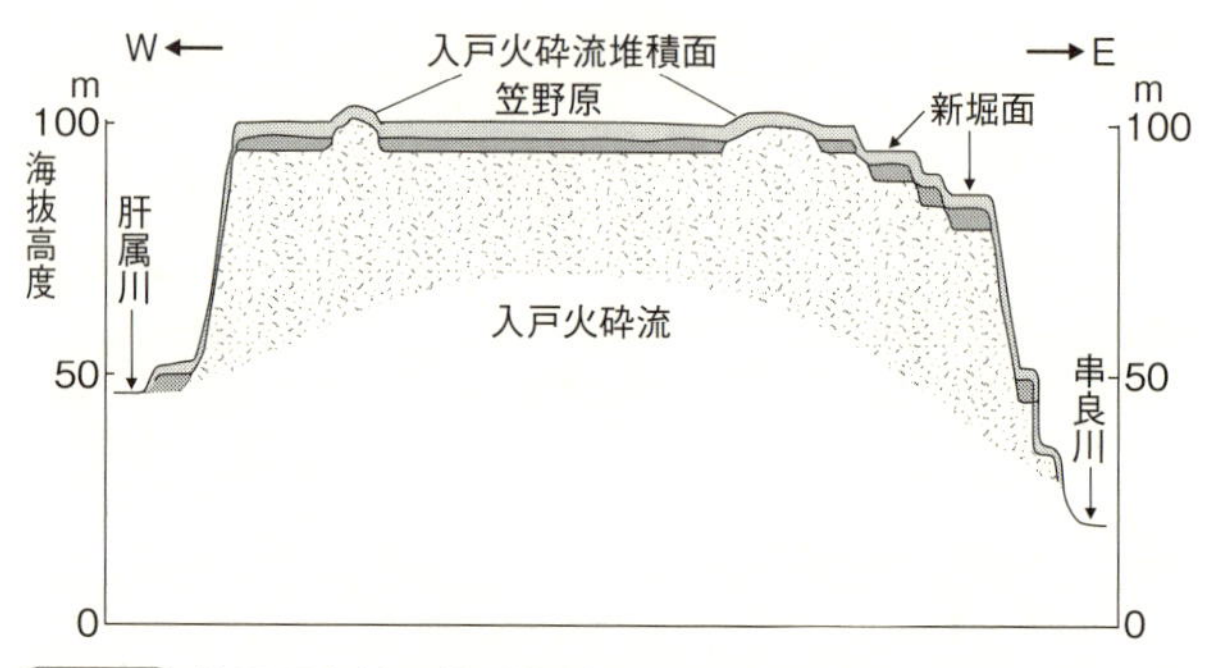

図8.1.2 **笠野原台地の地形地質断面**（町田ほか編『日本の地形7　九州・南西諸島』東京大学出版会より改変）

縦軸は海抜高度、最上層部分は土壌や火山灰に覆われた層、その下の濃い灰色部分は入戸火砕流の二次堆積物。両端の階段状の地形は川が削った跡。

流が堆積した当時の面が残っていますが、大部分は二次シラスの堆積物（図に笠野原面と示したもの）で覆われています。また、「新堀（しんぼり）面」は、右端の串良（くしら）川がシラス台地を下に掘って現在の河床の高さになるまでの間に作られた段丘、つまり川が流れて地面を削った跡です。

工事などの際、シラス台地の断面を観察すると、下のほうには厚い火砕流堆積物の本体があり、角張った軽石や、それが砕けたガラス質の砂が緻密に堆積しているのを観察できます。一般的に、地層は異なる種類の砂や泥などが堆積するため、「層理（そうり）」と呼ばれる縞状の層ができます。二次シラスには層理が明確に認められます。しかし、シラスの本体はこの層理がない状態で堆積しています。地層には時折、焼けて炭化した木片やガスが抜けた穴が存在しており、堆積時のシラスは、具体的な温度は確認できませんがかなりの高温だったことが分かります。

火砕流が高温の場合（６００℃以上）、厚く堆積した部分ではシラスは自分の熱と重みで火山ガラスがくっつき、その後固まって「溶結凝灰岩」と呼ばれる岩石になります。昔は、溶結凝灰岩がもともと火砕流堆積物だったということが理解されておらず、マグマが冷えて固まった溶岩として認識されていました。

しかし、岩石を薄く削って顕微鏡で観察すればその違いは明瞭に分かります。マグマが冷えて固まって作られた溶岩では、マグマ成分である鉱物の粒と隙間を埋めるガラスなどが観察されます。一方、溶結凝灰岩では、シラスつまりガラス質の砂の粒子が融け残っているのが観察されます。

また、写真8・1・1のように、溶結凝灰岩には黒い部分が細長く延びた構造が見られます。これは軽石などのガラス質の部分が溶け、重みで潰れて細長く延びたもので、肉眼で溶結凝灰岩を識別する際の重要な手がかりになります。

写真8・1・2は、30年以上前に鹿児島の土砂の採取場で観察したシラス台地の断面です。シラスはこのような急傾斜の壁を造っても、多少の雨では崩れない特徴があります。これは先ほど述べたように、雨が下にしみ込みやすく、表面を削る表層流が発生しにくいためです。

しかし、集中豪雨などを受ければ、このような崖は崩れやすくなります。以前は住宅の裏にこ

写真8.1.1 溶結凝灰岩に見られる、細長く横方向に延びた黒いガラス質の部分（撮影・山崎晴雄）

写真8.1.2 土砂採取場におけるシラスの断面と急崖（撮影・山崎晴雄）
高さは約20mほどだが、さらに深く掘れば同様のシラスの層がある。これだけのシラスがたった1回の噴火で積もった。

のような急崖がたくさん作られており、大雨のたびに崖が崩れ下の家屋が埋まってしまう「シラス災害」がしばしば引き起こされていました。最近はその危険性が認識され、危険地域への居住規制や、崖の防災工事などの対策も施されるようになり、シラス災害は減少しています。

シラス台地を作った巨大火砕流

シラス台地を作った巨大火砕流の噴出とは、どのようなものだったのでしょうか。火砕流という言葉が社会に知れ渡ったのは、1991年6月の長崎県雲仙普賢岳噴火で、火砕流によって43名の死者と行方不明者が出るという大惨事が引き起こされたのがきっかけでした。これは、火山災害としては極めて甚大な被害となりましたが、火山噴火の面から見ると比較的小規模なものでした。

雲仙普賢岳噴火では、火口付近に溜まった高温の溶岩が崩落し、砕けながらガスと一体になって斜面を流れ下りました。これは定義上は火砕流になりますが、じつは噴火によって普賢岳の上に新たに形成された、粘度の高い溶岩が押し出されてできたドーム状の地形「溶岩ドーム」の一部が崩落し、砕けながら斜面を流れ下ったものです。

溶岩がまだ冷えていないため、砕けるときに内部の高温ガスが放出され、岩屑とガスが混じりあって時速100キロメートルを超える高速で麓に流れてくるもので、本来は「熱雲」と呼ばれ

写真8.1.3 雲仙普賢岳山頂部に形成された溶岩ドームの一部が崩落し、火山斜面を流下する火砕流（熱雲）（撮影・山崎晴雄）

るものです。雲仙普賢岳の噴火では、これに巻き込まれて多くの方が火傷によって命を失いました（写真8・1・3）。

一方、シラス台地を作った火砕流は、熱雲とはまったく異なるメカニズムで発生したものです。第4章の箱根の節でも述べていますが、巨大火砕流を噴出する火山噴火は、軽石の激しい噴出をともなうプリニアン噴火で始まることが多いようです。

マグマは爆発性の高い流紋岩質マグマで、ガスと軽石、火山灰の混じった噴出物は柱のように上空に上がっていき「噴煙柱（えんちゅう）」となります。周辺の空気より高温なので、浮力を得てどんどん上昇していきます。数千メートルまで上昇すると均

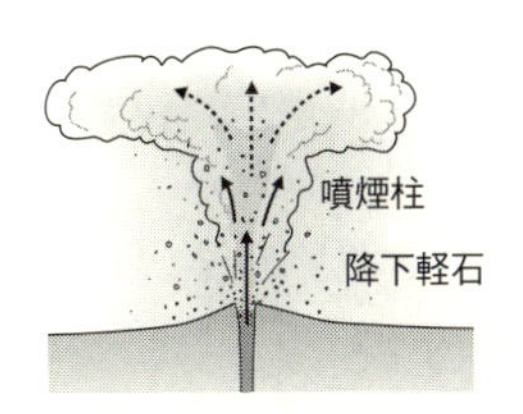

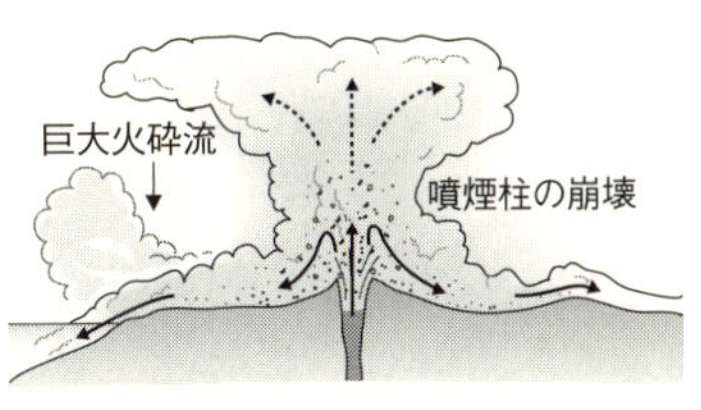

図8.1.3　左図はプリニアン噴火、右図は噴煙柱の崩壊によって火砕流が流出するモデル（町田・新井『新編　火山灰アトラス』東京大学出版会より改変）

衡状態になり留まりますが、そこには強い西風が吹いているので噴出物は東へ流されます。その過程で、噴出物の降下が起こります。軽石や岩片など大きく重いものは火口の近くに厚く、火口から離れるにつれて小さく軽いものが薄く積もっていきます（図8・1・3）。

下からの供給がなくなると、噴煙柱はどんどん縮小し、比較的小規模な軽石噴火で終息します。しかし、噴煙柱が大きくなりすぎると、その重みに耐えられずに、自身を支えられなくなり噴煙柱は倒壊、もしくは崩壊してしまいます。すると噴煙柱を構成していた火山灰や軽石、岩片が地表を高速で流れます。これがシラスを噴出する巨大火砕流です。

さらに、火山のマグマの通り道「火道」の下からの圧力が解放され、マグマが大量に一気に噴き出し、火山の周囲に流れて広がっていきます。これは、振って発泡した炭酸飲料が、密閉された容器の中では留められているのに対し、蓋を取ると圧力が解放され中身が一気に溢れ出す現象に似ています。生き物がもしこれに巻き込まれたら、命を失うだけでなく、形さえまったく残らないでしょう。

南九州に分布するシラス台地は、大半が鹿児島湾の姶良カルデラから約3万年前に噴出した入戸火砕流によって作られました。最終氷期の最盛期に近い時期に噴出したものです。この火砕流噴火は噴出物の量が200立方キロメートルと膨大で、南九州は火砕流に広く覆われ、同時に噴出した火山灰（姶良Tn火山灰という名が付いています）は、東は東北地方から太平洋沖に、北は朝鮮半島にまで飛散しました。九州は後述のように中期更新世以降カルデラの形成、巨大火砕流の噴出が相次ぎ、入戸火砕流よりも古い火砕流堆積物も各地に分布・堆積しています。

カルデラ形成と南九州

巨大火砕流が噴出すると、地下のマグマはほとんど放出されてマグマ溜まりに空洞ができます。するとマグマ溜まりの上部の岩盤がその重みで崩落して、地表にはカルデラと呼ばれる凹地ができます。火山の頂上に見られる火口も、大きなものは同様のメカニズムで形成されていますが、直径が2キロメートル以上のものをカルデラ、それ以下のものを火口として区別しています。

南九州には、更新世の中期以降（78万年前以降）にこのようなカルデラが多数形成されまし

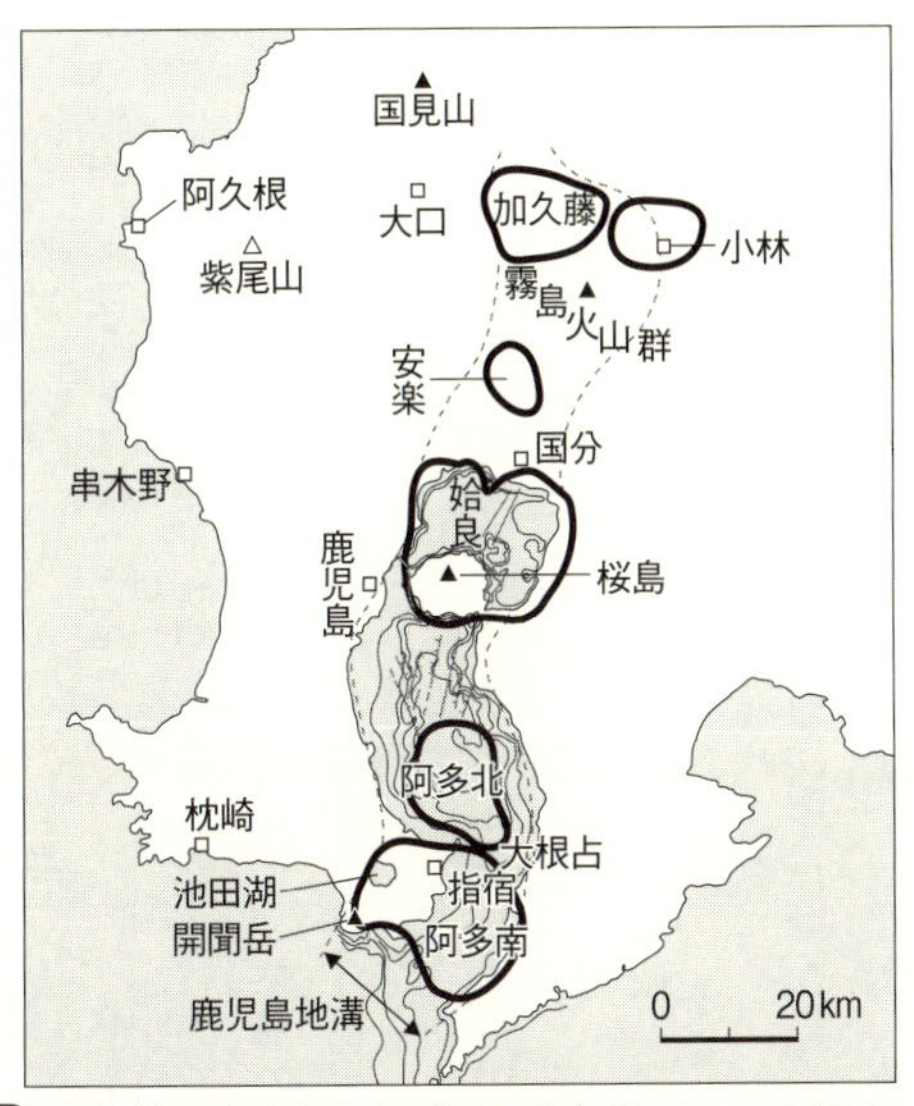

図8.1.4 **南九州の火山とカルデラの分布図**（町田ほか編『日本の地形7 九州・南西諸島』東京大学出版会より改変）

た。図8・1・4は南九州の地図で、火山やカルデラの位置が示されています。これによれば、霧島火山の北にある加久藤（かくとう）・小林盆地から、姶良、阿多北（あたきた）、阿多南（あたみなみ）と、カルデラが北から南に一直線状に並んでいます。さらにこの南の海中には鬼界（きかい）カルデラも存在します。鹿児島の錦江湾（きんこうわん）は内陸の深くに入り込んだ湾ですが、じつは姶良や阿多北などのカルデラの並びに海水が浸入したものなのです。

錦江湾のカルデラ底の深さは最深で水深200メートルほどありますが、カルデラとカルデラの間は水深100メートルより浅くなるところがあります。これまでも何度か述べてきたように、2万年前の最終氷期最盛期には海面が120メートルほど今より低かったので、当時はカルデラ湖が南北に連なる景観が見られたのかもしれません。

これらのカルデラ火山は、いずれも巨大火砕流を1回～数回噴出しています。このカルデラの並びは凹地の連続になっているので「鹿児島地溝」と呼ぶ人もいます。しかし、アフリカの大地溝帯のように、明瞭な正断層が存在して2つの断層間がくぼんでいるわけではありません。

これらカルデラ火山からの噴出物は3万年前の入戸火砕流の下敷きになっていますが、波に侵食されてできる「海食崖」などの急な崖では、複数の火砕流が層として重なっているのが観察できます。

現在、この地域には霧島、桜島、池田カルデラ、開聞岳などの活火山が存在していますが、それらはいずれもカルデラの縁付近に形成されています。箱根の節でも述べていますが、これらの活火山はカルデラ形成後の中央火口丘とされており、火山の一生の終盤段階にあたると考えてよいでしょう。

更新世の中期以降（78万年前以降）に、このようなカルデラ噴火と流紋岩質火砕流はなぜ南九州で集中して発生したのでしょうか。過去の日本列島では、ある時期に火砕流活動が集中して発生した例がいくつか知られています。

たとえば、福島県の白河から会津地方にかけては、140万年前から約10万年ごとに、少なくとも4回の大規模な火砕流「白河火砕流群」の流出とカルデラの形成が知られています。形成されたカルデラはいずれも福島県南部の下郷町（しもごう）から天栄村（てんえいむら）の４００平方キロメートルの範囲に集中して見られ、大きいもので直径14キロメートルのものがあります。

地球では、海洋プレートが作り出され、沈み込むことによって、常に地殻変動が起きています。この地殻変動によって火山活動が活発化（集中して発生）したり、沈静化したりするのではないかと考えられます。

たとえば２０１１年の東日本大震災を引き起こした東北地方太平洋沖地震では、東北地方の東側が5メートルも太平洋側へ引っ張られて伸びたことが分かっています。このように、プレートが水平方向に広げられる地殻変動により、火道やマグマ溜まりが広げられたり、マグマ溜まりが地震の振動で刺激されたりする可能性が考えられるのです。

南九州でも、78万年前以降にそのような地殻変動があって、プレートにかかる力が変化し、噴火が活発化したのかもしれません。考えられる理由のひとつとしては、80万年前～60万年前頃、西南日本の下に沈み込むフィリピン海プレートの進行方向が、北北西から西北西に変わったことが挙げられます。しかし、これがカルデラ形成とどのように関連しているのかは十分説明できていません。

火砕流噴出と縄文文化の消失

鎌倉時代に書かれた『平家物語』の中に、平氏打倒を企てた「鹿ケ谷（ししがたに）の陰謀」が密告により露見してしまい、それに関わった僧の俊寛（しゅんかん）、藤原成経（なりつね）、平康頼（やすより）が「鬼界が島」へ流刑となるシーンがあります。この「鬼界が島」が薩摩半島の南約50キロメートルにある薩摩硫黄島ではないかと考えられています。

この島は深さ４００メートルの海中にある巨大な「鬼界カルデラ」の一部で、縄文時代前半の７３００年前に起きたカルデラ噴火で形成されました。鬼界カルデラ噴火での噴出物の量は１５０立方キロメートルで、超巨大噴火に相当します。海の中から噴出した数百℃の火砕流は海上を時速１００キロメートル以上の高速で渡り、薩摩半島や大隅半島など南九州地域を襲いました。

南九州の地層では、黒土層の中に厚さ30センチメートルから１メートルほどのオレンジ色の土の層が挟まっているのが観察できます。地元ではこの土を「アカホヤ」と呼んでいますが、これがまさに鬼界カルデラ噴火の火山灰なのです。この噴火を「鬼界アカホヤ噴火」とも呼びます。

この巨大噴火で、南九州に住んでいた縄文人はほぼ全滅してしまったと考えられます。この地域でアカホヤ火山灰層の上下の地層中の考古遺物を調べると、石器や土器の形式がまったく異なることが分かったからです。アカホヤ火山灰層より下の地層からは、台湾や琉球方面から続く南方海洋系の、丸木舟を作るための円柱状の磨製石器や平底形の土器が出土したのに対し、上の地層からは北方系の縄文土器が出土したのです。

一般的に、地域の中では石器や土器の形式は継承され発展していくために、似たような遺物が出土するものです。しかしこの地域では、発展していた南方系の縄文文化が鬼界カルデラ噴火を境に消滅し、その数百年後に北方からの新たな縄文文化が定着したと考えられます。このように、巨大噴火は人類の文化、文明を一瞬にして消滅させてしまう可能性があるのです。

現在の日本の火山防災では、このような巨大火砕流をともなう巨大噴火は防災の対象になっていません。被害が壊滅的で防災対応ができないからです。７３００年前の鬼界カルデラ噴火が、日本列島では最後に起きた巨大噴火です。それ以降このような巨大噴火は一度も起きておらず、我々にとって未知の災害といえます。自然には、まだ人類の力では対応できないものがたくさんあることを知っておくべきでしょう。

おわりに

地球の歴史は46億年といわれるのに、この本はなぜ１００万年史なのか、と思われたかもしれません。私たちは「第四紀（だいよんき）」という時代にいます。地球の歴史46億年のうちの「現代」にあたる時代が、新生代第四紀という最新の２６０万年間です。「年」がわかりにくければ「円」で比較してみてください。46億円稼ぐのは超大金持ちですが、２６０万円なら……という感じでしょうか。日本列島の骨格を作る地質には数億年前のものもありますが、私たちが生活している地表を作る地形やその形成プロセスには、この第四紀の後半以降の時間が大きく関わっています。このため、「１００万年」という時間スケールを本のタイトルにしました。

中生代の「白亜紀」や「ジュラ紀」が恐竜の時代なら、新生代の「第四紀」は氷期・間氷期のサイクルが繰り返す中で、地球上に人類が進化・拡散した時代といえます。この第四紀の環境変化や人類の活動を研究する分野が「第四紀学」です。第四紀学の研究は、地質学、古生物学、地震学、火山学、地形学、気候学、人類学、考古学、歴史学、土木工学、そして教育学など、「第四紀」の環境と人類に関するさまざまな分野が関わっています。

著者らは二人とも東京都立大学（現・首都大学東京）大学院の地理学専攻を修了し、貝塚爽平先生や町田洋先生という第四紀学で大きな貢献をした先生方のもとで地形学を勉強しました。さまざまなご縁で本書が企画されたものの、久保の1年間のインド留学や、2011年の東日本大震災があったため、気がつけば山崎は大学を定年退職し、なんと6年もの年月が経ってしまいました。

震災の後、各地では自然災害や防災に関する関心が高まりました。けれども、恐ろしい災害の一方で、ジオパーク（大地の公園）や地形散歩・街歩きなど、人々が身近な地形に関心を向ける機会も多くなってきたように思います。しかし、実際には私たちの生活に関連した自然や地形のことを手軽に紹介する本は多くないようです。この本は、身近な自然としての「地形」について、コンパクトで分かりやすいガイドブックにしようというものです。

本書では多くの専門家による研究成果を分かりやすく紹介したいと思い、煩雑なところを簡略化したり、あえて説明を重複させたりしたところもあるため、逆に読みにくいと思われた方もいるかもしれません。うまく伝わらなかったならそれは著者らの責任です。紹介できなかったところもたくさんあります。もの足りないと思った方は、参考文献や地域の博物館などでより深くその土地の物語を追求して、そしてぜひ現地を訪ねて地形を見てください。

身近な土地の特色やその由来を知ることは、その土地への愛着が増し、環境保全や防災・減災、そして豊かな生活に役立つと貝塚先生がおっしゃっています。それらのことにこの本が少しでも役立てたら大きな喜びです。
最後になりましたが、清水長正・関秀明・前杢英明のお三方からは本書のために写真をご提供いただきました。3Dマップは首都大学東京大学院の南里翔平さんに作成していただきました。また、清水長正・樋泉岳二・若松加寿江の各位には貴重なコメントもいただきました。多くの著者・出版社からは図の転載のご承諾をいただきました。そして、当初は壮大な計画をたてて計画倒れでしたが、講談社の篠木和久さんがあきらめずに待ち続けてくださり、大逆転で刊行を実現してくださいました。また、ライターの田端萌子さんには混乱を極めた編集の労をとりいただき、原稿の準備が一気に進みました。お世話になりました以上の皆様にあつくお礼申しあげます。

2016年12月

山崎晴雄・久保純子

（追記）本書刊行後、町田洋先生より多くのコメントをいただき、第5刷に反映させました。重ねてお礼申し上げます。

杉村　新・中村保夫・井田喜明編（1988）『図説地球科学』岩波書店
辻井達一・岡田　操・高田雅之編（2007）『北海道の湿原』北海道新聞社
中村一明・松田時彦・守屋以智雄（1995）『新版　日本の自然１　火山と地震の国』岩波書店
日本第四紀学会編（1987）『百年・千年・万年後の日本の自然と人類』古今書院
日本第四紀学会・町田　洋・岩田修二・小野　昭（2007）『地球史が語る近未来の環境』東京大学出版会
日本第四紀学会編（2009）『デジタルブック　最新第四紀学』丸善
沼田　眞・岩瀬　徹（1975）『図説　日本の植生』朝倉書店（2002講談社学術文庫）
町田　洋（1977）『火山灰は語る』蒼樹書房
町田　洋・小島圭二編（1996）『新版　日本の自然８　自然の猛威』岩波書店
町田　洋・太田陽子・河名俊男・森脇　広・長岡信治編（2001）『日本の地形７　九州・南西諸島』東京大学出版会
町田　洋・新井房夫（2003）『新編　火山灰アトラス　日本列島とその周辺』東京大学出版会
町田　洋・松田時彦・海津正倫・小泉武栄編（2003）『日本の地形５　中部』東京大学出版会
町田　洋・大場忠道・小野　昭・山崎晴雄・河村善也・百原　新編（2003）『第四紀学』朝倉書店
松田磐余（2013）『対話で学ぶ　江戸東京・横浜の地形』之潮（コレジオ）
山崎晴雄（2015）『富士山はどうしてそこにあるのか　日本列島の成り立ち』NHK出版
米倉伸之・貝塚爽平・野上道男・鎮西清高編（2001）『日本の地形１　総説』東京大学出版会

〈参考文献〉

（なるべく入手しやすいものをあげました）

五百沢智也（1994）『歩いて見よう東京』岩波ジュニア新書
池田安隆・島崎邦彦・山崎晴雄（1996）『活断層とは何か』東京大学出版会
石城謙吉・福田正己編（1994）『北海道・自然のなりたち』北海道大学図書刊行会
太田陽子・成瀬敏郎・田中眞吾・岡田篤正編（2004）『日本の地形６　近畿・中国・四国』東京大学出版会
太田陽子・小池一之・鎮西清高・野上道男・町田　洋・松田時彦（2010）『日本列島の地形学』東京大学出版会
大矢雅彦（1993）『河川地理学』古今書院
貝塚爽平（1977）『日本の地形―特質と由来―』岩波新書
貝塚爽平（1979）『東京の自然史』（増補第二版）紀伊國屋書店（2011講談社学術文庫）
貝塚爽平（1990）『富士山はなぜそこにあるのか』丸善（2014講談社学術文庫『富士山の自然史』）
貝塚爽平（1992）『平野と海岸を読む』岩波書店
貝塚爽平・成瀬　洋・太田陽子・小池一之（1995）『新版　日本の自然４　日本の平野と海岸』岩波書店
貝塚爽平（1998）『発達史地形学』東京大学出版会
貝塚爽平・小池一之・遠藤邦彦・山崎晴雄・鈴木毅彦編（2000）『日本の地形４　関東・伊豆小笠原』東京大学出版会
神奈川県自然保護協会（2006）『よみもの神奈川自然誌　海・山・街のいのちをつなぐ』神奈川新聞社
株式会社クボタ（1990）アーバンクボタ29号「特集　東海湖と古琵琶湖／やきもの用粘土」
木村　学・大木勇人（2013）『図解プレートテクトニクス入門』講談社ブルーバックス
久保純子（1994）「東京低地の水域・地形の変遷と人間活動」大矢雅彦編『防災と環境保全のための応用地理学』古今書院
久保純子（2014）「明治の地図で読む東京の地形・地盤」構造デザインマップ編集委員会『構造デザインマップ　東京』総合資格出版
小疇　尚・福田正己・石城謙吉・酒井　昭・佐久間敏雄・菊地勝弘編（1994）『日本の自然　地域編１　北海道』岩波書店
小疇　尚・野上道男・小野有五・平川一臣編（2003）『日本の地形２　北海道』東京大学出版会
小池一之・田村俊和・鎮西清高・宮城豊彦編（2005）『日本の地形３　東北』東京大学出版会
小泉武栄・清水長正編（1992）『山の自然学入門』古今書院
小出　仁・山崎晴雄・加藤碩一（1995）『地震と活断層の本』（株）国際地学協会
小山真人（2013）『富士山　大自然への道案内』岩波新書
寒川　旭（2001）『地震　なまずの活動史』大巧社
清水長正編（2002）『百名山の自然学』（東日本編・西日本編）古今書院

〈ま行〉

〈や行〉

〈な行〉

〈は行〉

〈た行〉

〈さ行〉

索引

N.D.C.454　270p　18cm

ブルーバックス　B-2000

日本列島100万年史
大地に刻まれた壮大な物語

2017年 1 月20日　第 1 刷発行
2024年 5 月21日　第15刷発行

著者　山崎晴雄
　　　久保純子
発行者　森田浩章
発行所　株式会社講談社
　　　〒112-8001　東京都文京区音羽2-12-21
電話　出版　03-5395-3524
　　　販売　03-5395-4415
　　　業務　03-5395-3615
印刷所　（本文印刷）株式会社新藤慶昌堂
　　　（カバー表紙印刷）信毎書籍印刷株式会社
製本所　株式会社国宝社

定価はカバーに表示してあります。

ISBN978－4－06－502000－5

発刊のことば

科学をあなたのポケットに

二十世紀最大の特色は、それが科学時代であるということです。科学は日に日に進歩を続け、止まるところを知りません。ひと昔前の夢物語もどんどん現実化しており、今やわれわれの生活のすべてが、科学によってゆり動かされているといっても過言ではないでしょう。

そのような背景を考えれば、学者や学生はもちろん、産業人も、セールスマンも、ジャーナリストも、家庭の主婦も、みんなが科学を知らなければ、時代の流れに逆らうことになるでしょう。

ブルーバックス発刊の意義と必然性はそこにあります。このシリーズは、読む人に科学的に物を考える習慣と、科学的に物を見る目を養っていただくことを最大の目標にしています。そのためには、単に原理や法則の解説に終始するのではなくて、政治や経済など、社会科学や人文科学にも関連させて、広い視野から問題を追究していきます。科学はむずかしいという先入観を改める表現と構成、それも類書にないブルーバックスの特色であると信じます。

一九六三年九月

野間省一